絵でわかる

新版

でわかる

樹木の知識

堀 大才 著

JN047120

講談社

ブックデザイン　坂本弓華(dig)
イラスト・写真　堀 大才

改訂にあたって

　樹木は暴風が来ようとも外敵が来ようとも逃げることができず，ひとたび根を張ると，その場所から移動することができない。ゆえに，樹木は外敵からの攻撃に逃げることができず，病害虫，乾燥等の気象的ストレス，強風による幹折れや枝折れ等に対する防御力を極めて高く発達させている。少々傷ついても，傷ついた部分を区画化して拡大を防ぎ，その上に組織を再生させ機能を回復させる能力は極めて高い。その能力およびその能力を発揮した結果が樹形となって現れている。樹木はさまざまな形をしており，同一樹種でもまったく同じ形をした個体はないが，ある個体がなぜそのような樹形になったかについては，各個体のもつ遺伝的要素以外にも，気象，地形，土壌などの立地環境的要因を考慮する必要がある。樹木はその形が語る"ボディーランゲージ"で樹木の置かれた状況を明瞭に語っている。しかし，人はその言葉を十分に読みとり理解することがまだできていない。そこで，筆者の思考の及ぶ限りでその言葉を翻訳し，その理由について説明しようと試みたのが本書の初版である。

　本書の初版は 2012 年 6 月に発行されたが，その後も樹木に関する知見は広く深く発展し続け，また筆者の樹木に対する考え方にもいくらか変化した部分がある。さらに，初版では著すことができなかった重要な課題も数多くあった。この新版では，これらの不足している情報を可能な限り補い，筆者の樹木に関する考え方をわかりやすく説明することにした。

　講談社サイエンティフィク編集部の堀恭子さんは，本書の執筆と編集にあたって全面的なご協力をくださり，またともすれば遅れがちになる執筆作業について，筆者を叱咤激励してくださった。また，一人ひとりの名をあげることはできないが，筆者に対して多くの友人，知人が多大な情報を提供してくれた。ここに記して深く感謝の意を表する。

令和 5 年 8 月

堀　大才

CHAPTER
9　樹木の防御反応　195

草と木の違い

　誰もがわかるとおり，イネは草であり，スギは木である。ではタケは草であろうか，木であろうか。筆者の答えは「どちらでもない」である。実際には木と草を明確に定義することは困難で，木と草の中間的な植物がかなりある。同じ属に分類されているものでも，あるものは草，あるものは木ということもあり，系統分類学的には木と草を分けることに意味はない。

　"樹木"の定義は人により異なるが，筆者は①背が高くなる，②茎が木化して内部まで硬くなる，③長期間生き続ける，④茎が年々肥大成長する，の４つを考えている。そしてこれらをすべて満たせば明確に樹木といえるが，柱状サボテンのように年々成長して背が高くなり，表面は硬くなっても幹内部の組織が木化せずに硬くならないものは，筆者の定義する樹木からは外れる。単子葉植物には維管束形成層がないので，種子や地下茎から発芽してしばらくの間，一次的な肥大成長をした後は上方に伸びていく上長成長のみで，二次的肥大成長をしない。たとえば，タケ類は最初にある程度太くなった後は，短期間のうちに背が高く茎が硬くなり長期間生き続けるものの，維管束形成層による二次肥大成長をしないので，樹木の定義から外れる。またシュロやヤシも，最初の一次的な肥大成長の後は茎の頂端の成長点による上長成長のみで，形成層による肥大成長をしないので樹木の定義からは外れる。しかし，ヤシを草と思う人はいないであろう。「竹は竹であって木でも草でもない」と京都大学の故上田弘一郎博士がいったのと同様に，ヤシはヤシであって木でも草でもないと考えるのがよいと思われる。しかし，同じ単子葉植物であってもキジカクシ科のユッカ類，コルディリネ類，ドラセナ類などでは，幹に散在する一次維管束を囲むように特殊な形成層が環状にできる。この形成層は外側へはごく薄い樹皮をつ

くるだけであるが，内側へは細胞分裂
し，少しずつではあるが年々肥大成長
をするので，これらは樹木といえる。
しかしあまり太くはならず，材もやわ
らかい。

　双子葉植物の草本の茎と樹木の当年
枝の断面構造は**図1.1**のようになって
いてほとんど同じである。しかし，樹
木では2年目になると維管束と維管束
の間に束間形成層ができて，維管束内
形成層（束内形成層）と束間形成層が
ひと続きとなって維管束形成層が完成
し，外側に篩部，内側に木部を形成す
るようになる（**図1.2**）。草とされてい
る植物にも，このような環状の維管束
形成層が不完全ながら形成されるもの
もあり，ハギ類のように植物図鑑では
草本とされている植物にも，環状の維
管束形成層が不完全であるが形成され
るものがある。しかし，幹は数年で枯
れてしまう。キハギはハギ類のなかで
も木になるとされている。

　ところで，誰が見ても立派な樹木で
あるのに，場所が変わると草になって
しまうものがある。その一例としてコ
アラの餌として有名なユーカリ類を挙
げる。ユーカリ類はひとつの属のなか
にきわめて多くの種があり，オースト
ラリアにはユーカリ・レグナンス（マ
ウンテンアッシュ）のように樹高
100 m以上を記録する種もある。日本
にもいくつかの種類が緑化木やコアラ

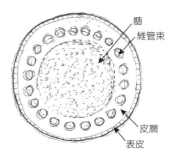

図1.1　木本性双子葉植物の当年
枝の断面構造

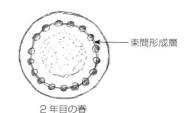

2年目の春

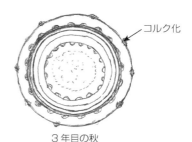

2年目の秋

3年目の秋

図1.2　木本性双子葉植物の2年目
以降の茎の肥大成長

の餌として導入されている。これらのユーカリ類のなかで，オーストラリア東部のグレートディヴァイディング山脈（大分水嶺山脈）やタスマニア島などに自生する耐寒性の強い樹種を選んで北海道や東北地方などの寒冷地に植栽すると，冬の寒風で地上部は枯死するが，雪に埋もれた部分は生き残り，そこから萌芽してその年のうちに 2 〜 3 m ほどの高さになる。しかしこの茎も次の冬の寒さで枯死し，春に再び萌芽するということを毎年くり返す（**図 1.3**）。この場合，ユーカリは日本の寒冷地では根株と根元近くの幹が肥大成長するものの，地上部は当年枝ばかりなので多年草ということになる。フヨウも温暖地では立派な木になるが，寒冷地では地上部が毎年枯れて多年草のようになる。

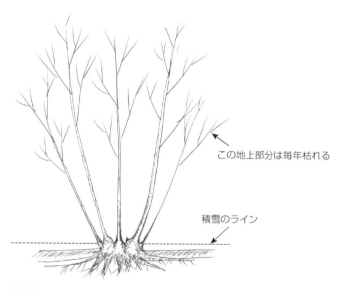

この地上部分は毎年枯れる

積雪のライン

図 1.3　寒冷地に植栽されたユーカリの多年草のような成長

　太古の昔に繁栄した高さ 30 m，太さ 1 m 以上になったヒカゲノカズラの仲間の鱗木（りんぼく）は“木”と説明されているが，硬い木質の部分がほとんどないので，巨大な草と考えられている。木性シダ類といわれるヘゴも高さ数 m になり年々太くなるので，一般的には木とされているが，茎は肥大成長をせず，不定根が下がってきて茎を強化して太くなるので，やはり樹木とはいえない。

2 | 樹木の生理と構造

01 頂端分裂組織による一次成長

　樹木は枝の先端にある茎頂分裂組織や根の先端にある根端分裂組織によって，伸長成長と若干の肥大成長を行い（これを一次成長という），さらに茎頂分裂組織は組織分化によって頂芽と側芽を形成する。これらの芽は茎(幹や枝)となる。

02 維管束形成層による二次成長

　亜熱帯から亜寒帯にかけての，冬期休眠期のある地域では，樹木のある年の成長部分は翌年（2年目）の春に維管束の間に束間形成層（前掲**図1.2**）を形成して維管束内の束内形成層とつながり，茎は樹皮のすぐ内側に維管束形成層が完成し，二次成長（肥大成長）を行う。

03 重力屈性・光屈性・水分屈性

　種子から発生した幼根は重力にしたがって下方に伸びていく。これを重力屈性という。それに対して幼根から分岐する側根は水分を求めて主に水平方向に伸びていく。これを水分屈性という。もし，吸収しようとする水分に十分な酸

素が含まれていない場合，側根は向きを変えて地表近くに上がったり曲がったりする。ゆえに，水分屈性といっても酸素が十分に含まれている水分を求めて伸びていくのである。側根の大部分が土壌の浅い層を水平方向に伸びていくのは，浅い層の水には酸素が溶け込んでいるためである。種子から発芽した胚軸はまっすぐ上に伸びていこうとする。これをマイナスの重力屈性という。胚軸から発生した茎は光に向かって伸びる光屈性とマイナスの重力屈性の合わさった伸び方をする（**図 2.1**）。

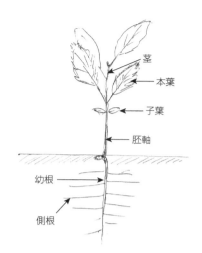

図 2.1 **幼根，側根，胚軸，茎の伸び方**

　多くの針葉樹の幹はマイナスの重力屈性，すなわち上方にまっすぐ伸びていこうとする。たとえば，スギは自らの上方に他の木の樹冠が被さっているか否かにかかわらず，まっすぐに伸びていこうとする（**図 2.2**）。多くの広葉樹とアカマツ，クロマツなどの一部の針葉樹類の幹はマイナスの重力屈性と光屈性の合わさった成長を示し，基本的にはマイナスの重力屈性にしたがって，まっすぐ上方に伸びようとするが，その上に他の枝が被さるなどして十分な光合成が行えない状態になると光屈性のほうを強く示し，より多くの光のくる方向に主軸の向きを変える。極陽樹のアカマツや多くの落葉広

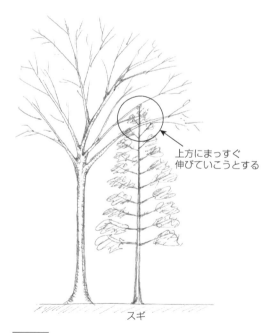

図 2.2 **多くの針葉樹の幹が示すマイナスの重力屈性**

葉樹の場合は少しでも他の木の樹冠が近寄ってくると幹を曲げてより多くの光のくる方向に伸びようとする（**図 2.3**）。しかし，樹木の示す光屈性は直射日光ではなく，全天からの散乱光に反応している。直射日光はほとんどの植物にとって強すぎる光なのである。ゆえに太陽のある南側のほうが，枝葉量が多くなるとは限らず，東西南北いずれの側でも天空からの散乱光が十分にあれば，どの方向にも偏らない樹冠を形成する。枝は基本的に光屈性を示すので斜め上方に伸びていこうとするが，光合成に有利な光量があれば水平方向，場合によっては斜め下方向にも伸びていく。

　壮齢木の根では，基本的に茎の直下の重力屈性を示す最初の幼根およびそれに代わる根元近くの垂下根は消滅しており，土壌の浅い層を水平方向に這う，

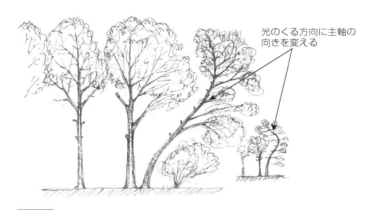

光のくる方向に主軸の
向きを変える

図 2.3　**多くの広葉樹と一部の針葉樹の幹が示す光屈性**

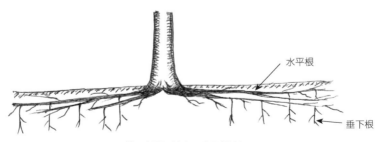

水平根

垂下根

幹の直下には太い垂下根はない

図 2.4　**壮齢木の根系**

酸素を十分に含んだ水に対する屈性を示す水平根がほとんどであり，その水平根からところどころに，幹の傾斜および水平根の浮き上がりを抑えるアンカーとなる重力屈性の垂下根が発生する（**図 2.4**）。

04 通導と貯蔵

　樹幹や大枝は根から吸収した水分や窒素，ミネラルを，被子植物では木部の導管，裸子植物では仮導管を使って葉まで送っている。輸送に使われているのは数年分の年輪であるが，90％以上の水はもっとも新しい年輪（その年に形成された年輪）を通っている（**図 2.5**）。特にケヤキなどの環孔材樹種はほぼ100％の水をもっとも新しい年輪を使って上昇させている。そして葉で生産された光合成産物は外樹皮のすぐ内側の篩部を通って樹幹を下り，根の先端まで送られているので，生理的には樹皮ともっとも新しい年輪が健全であれば生き続けることができると理屈のうえでは考えられる。しかし実際には風や冠雪などの物理的な破壊力を受けるため，力学的に耐えることのできる最低限の材の厚みが必要であり，また病害虫等による多様な傷の発生に対する防御，越冬などのために澱粉や糖を貯蔵する場所として数年分の年輪を使う必要があることなどから，生理的にも最新の1年分の年輪だけで生きることは難しい。樹木は澱粉や糖の貯蔵に樹皮や材の生きた柔細胞を使っている。

　基本的に，樹木は光合成産物を輸送する場合，水に溶けるショ糖(スクロース)のかたちにし，細胞内に貯蔵する場合は澱粉のかたちにする

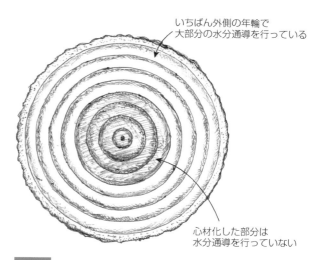

いちばん外側の年輪で大部分の水分通導を行っている

心材化した部分は水分通導を行っていない

図 2.5　幹における通導機能

が，真冬の寒冷期は細胞の耐凍性を高めるためにショ糖に変える。春の細胞活動が活発な時期は細胞内の貯蔵は澱粉のかたちで行われる。

05 分枝性

　植物が伸長する際，幹や枝が複数に分かれる性質があるが，その分岐の状態を分枝性という。分枝性は，

①原始的なシダ植物であるマツバランで見られる，頂端分裂組織が 2 つに分かれて勢力の等しい軸が 2 本できる二叉分枝（**図2.6**）

②多くの針葉樹や双子葉植物のイイギリで見られる，1 本の主軸（主幹あるいは主枝）が形成されて，そこから側方に向かう側軸（側枝）が形成される単軸分枝（**図2.7**）

③ケヤキ，ヤナギ類など多くの広葉樹に見られる，主軸あるいは頂芽が成長を停止あるいは枯死して，上端の側芽（腋芽）が仮頂芽となり，そこから伸びた枝が主軸のように成長する仮軸分枝（**図2.8**）

の 3 つに大別される。ちなみに，イロハモミジの枝の先端にはほぼ等しい大きさの芽が 2 つ形成されるが，これは二叉分枝ではなく，本来形成されるはずの頂芽が形成されずに側芽が仮頂芽となる対生の仮軸分枝である。ホ

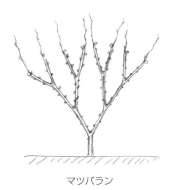

マツバラン

図2.6 二叉分枝

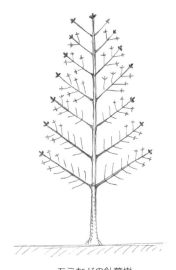

モミなどの針葉樹

図2.7 単軸分枝

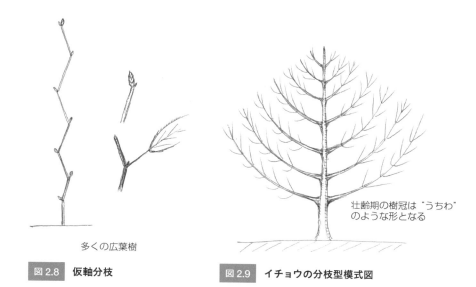

壮齢期の樹冠は "うちわ" のような形となる

多くの広葉樹

図2.8　仮軸分枝

図2.9　イチョウの分枝型模式図

オノキやトチノキは幹や枝の頂端に大きな芽をもつ単軸分枝であるが，頂芽が枯れたり活力が衰えたりするとすぐに側枝が主軸に代わろうとする性質が強いので，若い頃は単幹でも古木になると上方を向く多くの分枝をもつ。イチョウも単軸分枝であるが，側枝が上方を向こうとする性質が強いので，**図2.9**のような樹形となる。多くの針葉樹は主軸を切除すると側枝のひとつが起き上がって再び単軸分枝を続けるが，イチョウは複数の枝が主軸となりやすい。

高級和紙の原料として有名なミツマタの枝ぶりは三叉分枝のように見える（**写真2.1**

写真2.1　ミツマタの三叉分枝

）。三叉分枝に見える木はほかにもあるが，ミツマタの場合は他の樹種には見られない特殊な分枝のようである。普通は1つの頂芽と3つの側芽のうちの頂芽が退化して三叉に見えたり，3本の側芽の節間が近接していて頂芽

が欠けて三叉に見えたり，あるいは頂芽と 2 本の対生側芽が三叉のようになっていたりするが，ミツマタの場合は頂芽を形成する頂端分裂組織が分裂して 3 つの頂芽が形成され，それらがほぼ同時に一定の角度をもって伸び，さらにそれぞれの頂芽の脇に葉が形成されるが，葉柄の脇には枝となるような腋芽（側芽）が形成されず，よって側枝を形成しないために三叉となるようである。ただし，ミツマタも樹勢が不良な場合などには，しばしば 1 本あるいは 2 本の頂芽が欠けて二叉になったり単軸になったりすることがある。

💡 あて材

あて材とは樹幹が傾斜したときに，樹木が体勢を立て直すために形成する材で，年輪を見ると偏心状態となっていることが多い。針葉樹では圧縮あて材，広葉樹では引張りあて材が形成される。あて材は大枝や小枝でも形成される。圧縮あて材と引張りあて材の形成は遺伝的に決まっているが，その発現にはあて材形成部分を支える組織が必要である。たとえば，針葉樹では幹下部にあて材を形成するには傾斜側に下から支えるような根系が必要であり，広葉樹では傾斜方向と反対側に引張るように支える根が必要である。圧縮あて材部分では仮導管細胞の横断面の角が丸くなって"セルコーナー"すなわち細胞間隙が形成され，細胞壁の微小繊維（セルロースミクロフィブリル）の軸方向に対する配列角度が大きくなり，リグニン含量は多く，セルロース含量は少なくなる。引張りあて材部分では繊維細胞や仮導管細胞の細胞壁の軸方向に対する配列角度が小さくなり，セルロース含量が多くリグニン含量は少なくなる。ときにはリグニンをまったく含まない G 層が二次壁（S 層）に形成されるが，G 層を形成しない広葉樹も多い。G 層とはゼラチン層という意味であるが，光学顕微鏡下ではこの層がゼラチンのように見えたのでこの名が付いた。

06 シュートと芽

1 本の茎とそれについている葉を 1 つの単位としてシュートという。芽は小さなシュートである。芽のなかには頂端（茎頂）分裂組織，未熟で未成長な茎，

および茎に付随する未熟な葉がある。葉のついている部分を節というが，芽の伸長成長は節と節の間（これを節間という）の成長で行われる。これは筍の伸長成長と同様である。葉の基部には側芽が形成されるが，これが翌年のシュート成長により側枝となる。

07 頂芽と仮頂芽

　シュートの先端に形成される芽を頂芽という。頂芽は最初未熟な状態であるが，次第に充実し，普通は翌年の春に伸長成長する越冬芽となる。シュートの先端ではなく途中の側面に形成される芽を側芽という。頂芽の成長が不十分で枯れてしまうことが多いが，その場合，側芽のうちの最上位にある芽が充実して頂芽の役割を果たす。これを仮頂芽という。頂芽は頂芽優勢の樹形形成に大きな役割を果たすが，頂芽が形成されなかったり途中で枯れたりして仮頂芽が形成された場合，仮頂芽が頂芽優勢の役割を果たす。仮頂芽はケヤキ，ヤナギ類など，きわめて多くの広葉樹に恒常的に見られるが，ほとんどは落葉性で，常緑樹はわずかである。

08 頂芽優勢

　モミ類，トウヒ類など多くの針葉樹は，垂直に伸びる1本の幹と，幹から側方に伸びるたくさんの枝から構成されるが，幹の頂端が枯れたり衰退したりしないかぎり側枝が幹になることはない。この側枝から出る小枝も，先端が枯れないかぎり小枝は小枝のままである（**図2.10**）。この性質を頂芽優勢という。ケヤキのような仮軸分枝をして樹幹上部では無数に枝分かれしている樹種でも，その年の枝だけを見ると，枝の先端近くに大きな芽が形成され，枝の下部には小さな芽しかなく，翌年の発芽は上部の芽でのみ行われ，下部の芽はそのまま潜伏芽となってしまう（**図2.11**）。これも広くみれば局部的な頂芽優勢と考えることができる。頂芽優勢が強いとき，すなわち茎の先端で生産されるオーキシンという植物ホルモンが順調に下方に供給され続けている間は，側芽の成長は抑制されて主軸になれないが，上方からのオーキシン供給が減少してサイ

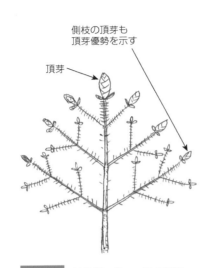

側枝の頂芽も
頂芽優勢を示す

頂芽

図 2.10 針葉樹の枝での頂芽優勢

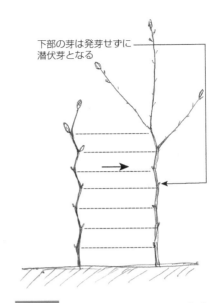

下部の芽は発芽せずに
潜伏芽となる

図 2.11 広葉樹の枝での上部の芽の優勢

トカイニンという植物ホルモンの影響のほうが強くなると，側芽や側枝が主軸に代わろうとする成長を開始する。

樹木の幹を**図 2.12** のように切断すると，幹上部からのオーキシン供給が断たれ，残された部分の最上位の活力ある枝あるいは芽が新たな幹になろうと上方を向いて成長する。上方を向いて成長するのは，針葉樹では通常，最上位の枝のなかのもっとも活力のある 1本の枝であるが，複数の枝が同等の活力状態にあるときは二叉（**図**

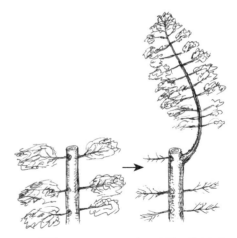

図 2.12 針葉樹における幹切断後の残された枝の成長

2.13（写真 2.2））あるいは三叉の幹が生じる。そして，一度 <ruby>一度<rt>ひとたび</rt></ruby> 新たな主軸が形成されると，その上端から供給されるオーキシンの影響により，再び頂芽優勢

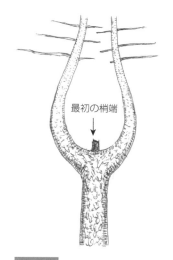

図 2.13　アカマツの双幹木

写真 2.2　アカマツの双幹木

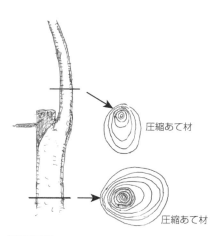

図 2.14　梢端を切断された針葉樹における
新たな幹の成長と圧縮あて材形成

写真 2.3　梢端が枯れ，側枝が立ち上
がったアカマツ

が続くことになる。切断時に残された上位の枝のうち，立ち上がるのに失敗した枝は普通，衰退して枯れてしまう。針葉樹の場合，新たに幹になった枝は**図2.14**（**写真2.3**）のように成長するが，この場合，圧縮あて材は後に示す**図6.28右**のように3か所に形成される。広葉樹では，切断された幹に残された最上

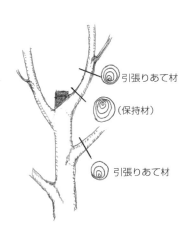

| 図 2.15 | 梢端を切断された広葉樹における新たな幹の成長と引張りあて材形成と保持材形成 |
| 写真 2.4 | 梢端が枯れ，側枝が立ち上がった広葉樹 |

位の枝が新たに幹になろうとして上方に向く成長を行う場合，幹に近い部分では枝を引張る組織が形成できないので"保持材"が形成され，引張りあて材はそのすぐ上に形成される（**図 2.15**（**写真 2.4**））。

09 茎と根の違い

　樹種による茎の形態的差は大きく，茎（樹皮）を見ればほとんどの樹種の判定が可能であるが，根は茎ほどには分化が進んではなく，根だけを見て種類を判定するのはかなり困難である。

　双子葉植物の樹木の 1 年目の茎の断面を見ると，中心に髄があり，その外側に環状に並んで維管束があり，維管束のなかに篩部，束内形成層，木部がある。この構造は双子葉植物の草本の茎と同じである。2 年目になると，維管束と維管束の間に束間形成層ができて形成層が環状につながり，内側に木部，外側に篩部を形成するようになり，肥大成長がはじまる。茎には節があって，各節には芽と葉（葉がないこともある）がついているが，この節は頂端分裂組織

の分裂によってシュートが形成される時点ですでに形成されており，シュートの伸長成長は節間の伸長である。

根では，先端の白い細根部分には**図 2.16** のように髄がなく，篩部，形成層，木部の配列も茎と異なる。根でも 2 年目になると形成層が環状につながり，肥大成長を開始し，表皮が肥大成長によって破られた後は皮層がコルク形成層に変わって一次周皮を形成し，その一次周皮もさらなる肥大成長によって破られると古い篩部がコルク形成層に変わって二次周皮を形成する。しかし，根のコルク層は地上部ほど厚くはならず，根の中心部は髄ではなく木部である。つまり，かなり太くなった部分でも，髄の有無によって根か茎かの区別ができる。また，不定根は発生する部分が根以外の器官であること以外は本来の根と差がないので，やはり髄は形成されない。

根は枝のように風で揺れることがなく，折れる心配がないので，木部の細胞壁の厚さが薄くリグニンも少ない。茎では側枝は節にある側芽から発生し，側芽は側芽原基から発生するが，若い根では側根は内鞘から発生する（**図 2.17**）。しかも節がないので，内鞘であれ

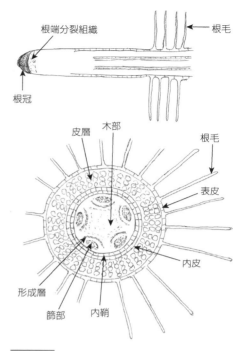

図 2.16 　**根の先端の細根部分の構造**

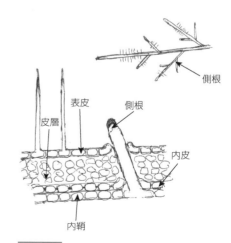

図 2.17 　**側根の発生**

ばどこからでも発生する可能性があるが，内鞘の内側の放射状になっている中心柱（放射中心柱）の木部が内鞘と直接つながっている部分から発生することが多いようである。さらに，中心柱にある形成層の細胞分裂による内側からの根の肥大成長によって表皮，皮層，内皮，内鞘と順に破壊されると，側根は樹皮内の痕跡的内鞘，形成層，皮目コルク形成層，篩部放射組織などから発生するようになる。

　根は幹や枝と異なりあて材を形成しないので，偏心成長は針葉樹，広葉樹のいずれにおいても，圧縮，引張りのどちらの応力が作用しても行われる。根に強い曲げの力が働いて上側に引張り，下側に圧縮の力が作用しているときは**図2.18**（**写真2.5**）のように上側も下側も旺盛な年輪成長を示し，力学的に中立な中央部分は成長せず，8の字型になる。上側の引張りだけが強く作用しているときは**図2.19**のように極端な偏心成長を示す。

写真2.5　**サワラの側根の断面**

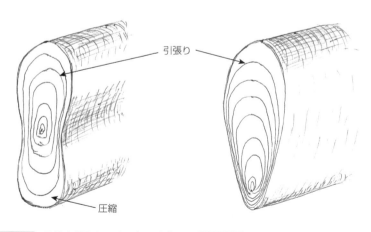

図2.18　**圧縮や引張りによる根の年輪の8の字型の偏心成長**

図2.19　**上側のみが強い引張りを受けている場合の極端な偏心成長**

10 側根の発生

根には茎と異なり節がなく，根系のどの部分からでも発生する可能性があるが，側根の原基は，細根部分では中心柱の最外層である内鞘に形成され，すでに表面がコルク化している部分でも，多くの場合，痕跡的に残っている内鞘（一次的に形成された内鞘）から発生するとされている。しかし，根に傷などが生じると傷口に形成されるカルス（癒傷組織）の分化によって形成されることがある。

11 葉からの蒸散と樹冠による集水

樹木は二酸化炭素と水を吸収して光合成を行い，糖などの有機物を生産しているが，樹木が根から吸収して葉から蒸散させる水の量は，光合成で直接消費する水の量の 50 ～ 100 倍，ときにはそれ以上もある。なぜ樹木はそのように大量の水を吸収し蒸散させるのであろうか。それは光合成には適した温度（温帯の植物ではおおむね 25°C 前後）があり，葉面が直射日光によって高温（樹種によって異なるが，おおむね 40°C 前後）になると光合成機能が著しく低下するので，水を蒸散させて気化熱で葉面を冷やす必要があるからである。さらに，肥培管理が行われている耕作地などを除けば，大部分の自然の土壌中の水分はほぼ真水に近い状態であり，窒素成分や各種ミネラルの溶存量はきわめて少ないので，光合成とそれに続く一連の同化作用を行うために必要なこれらの成分を十分に得るためには，大量の水を吸収して葉面から蒸発させ，葉に栄養塩類を集める必要がある。このように，樹木は大量の水を消費するので，根系の広がっている部分と存在しない部分とでは水分状態が異なり，根系の存在する土壌のほうが乾いているのが普通である。しかし，雨が降ってもわずかな雨量のときには枝葉を濡らすだけであり，雨が上がった後はそのまま蒸発してしまい，樹冠の下の地面には到達しない（**図 2.20**）。ゆえに，樹木は慢性的な水不足に陥っているが，時折降るまとまった雨を根元に集中的に供給することで水分不足を補っている。樹冠の枝振りは**図 2.21** のようになっており，垂れ下がった枝は水を滴らせて根元に供給し，上を向いた枝は漏斗のように雨水を幹

| 図 2.20 | 少量の雨を遮断する樹冠 | 図 2.21 | 漏斗のように幹に水を集める樹冠 |

に集め，根元に供給する。さらに，細かな枝葉は雲や霧の浮遊水滴を捕捉して根元に滴らせる。地面に達した水は根系に沿って水分吸収機能のある根の先端まで運ばれる。

12 葉の構造

1 葉の断面構造

　一般に広葉樹の葉の断面は**図 2.22** のように最表層にクチンとワックスからなるクチクラ層があり，その下に表皮，柵状組織，海綿状組織，気孔の多い葉裏の表皮，葉裏のクチクラ層という構造になっていて，ところどころに篩部と木部からなる維管束すなわち葉脈がある。針葉樹の場合，たとえばクロマツでは**図 2.23** のように中央に 2 つの維管束があり，それをとりまくように柵状組織があり，内鞘の列の外側に海綿状組織があって，その外側に 3 層の薄い表皮細胞があり，それをごく薄いクチクラ層が覆っている。クチクラ層のクチンは表皮細胞から分泌される。樹木の葉には表あるいは裏に毛が生えていることがあるが，これは細根の根毛と同じく表皮細胞の突起であり，毛茸という（**図2.24**）。また葉の表や裏が白く粉をふいたようになっていることがあるが，これはクチクラ層の上にワックスが重なっているからであり，これをエピクチク

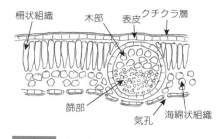

図 2.22　広葉樹の葉の断面構造

（図中ラベル）柵状組織　木部　表皮　クチクラ層　篩部　気孔　海綿状組織

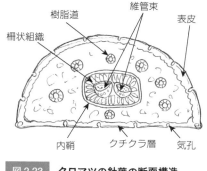

図 2.23　クロマツの針葉の断面構造

（図中ラベル）樹脂道　維管束　表皮　柵状組織　内鞘　クチクラ層　気孔

図 2.24　葉の表面の毛状突起

（図中ラベル）表面の毛状突起　星形突起

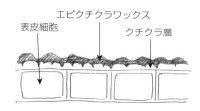

図 2.25　表皮の上のクチクラ層とエピクチクラワックス

（図中ラベル）エピクチクラワックス　表皮細胞　クチクラ層

ラワックス（クチクラ層の外側のワックスという意味）という（**図 2.25**）。クチクラ層とエピクチクラワックスは強い日射，特に紫外線による害から細胞を守り，葉の表面からの水の蒸散を防ぎ，また雨水や汚染物質の浸透や病原の侵入を防ぎ，冠雪時の葉の細胞の凍結を防止するはたらきをしている。

2　陽葉と陰葉

　林内に生育する灌木や高木の下枝のように光の弱いところにある葉は普通，薄くなっている。それに対して林冠上部や孤立木の枝先のような光の強いところにある葉は厚くなっ

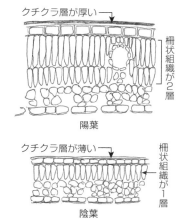

（図中ラベル）クチクラ層が厚い　柵状組織が2層　陽葉　クチクラ層が薄い　柵状組織が1層　陰葉

図 2.26　陽葉（上）と陰葉（下）の断面

ている。これらの葉の断面は**図 2.26** のように，陽葉ではクチクラ層と表皮細胞層が厚く，光合成を盛んに行う柵状組織が 2 層，ときには 3 層に重なっているのに対し，陰葉ではクチクラ層と表皮層が薄くて弱い光も透過できるようになっており，柵状組織は 1 層である。

③ 葉の表と裏

　葉の表側と裏側では緑色の状態が異なり，普通，表側のほうが濃く，裏側は淡くなっている。これは葉裏のほうに空気をとり入れる気孔がたくさんあるために，ちょうど泡立っているような状態となり，海綿状組織にも隙間がたくさんあって光が散乱するためである。また，葉の表には滑らかなクチクラ層が重なっていて，雨に濡れても水をはじくようになっているが，裏側にはクチクラ層はあまり発達していない。ツバキに代表される照葉樹と呼ばれる常緑広葉樹は葉の表のクチクラ層が特に滑らかに発達している。ウラジロガシの葉裏は白っぽくなっているが，落葉した葉ではその部分をこすると白い粉が剥がれる。これは 鱗 状のエピクチクラワックスが裏側に発達しているからである。また，多くの針葉樹の葉裏は，たとえばヒノキでは Y 字形に，サワラでは X 字形に，アスナロでは W 字形に，モミやウラジロモミでは 2 本の線状に白くなっている（**図 2.27**）。この部分を気孔帯あるいは気孔線というが，白く見えるのは気孔の列の上を，空気は通れるが水滴や微生物は通れないほどの微細な隙間が無数に存在するエピクチクラワックスが重なっているからである。

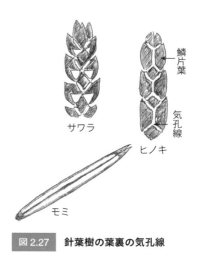

鱗片葉

気孔線

サワラ

ヒノキ

モミ

図 2.27　針葉樹の葉裏の気孔線

④ 黄葉，紅葉，褐葉と落葉

　葉は何らかの原因により光合成機能を維持できなくなると落葉するが，落葉する前に葉緑体を分解して，そのなかの窒素やマグネシウムなどのミネラルを

枝のほうに回収し，緑色が退色する。その過程で，葉に活力のあったときから存在したカロテノイドという色素の色が現れると葉は黄色になり，ブドウ糖やショ糖が酵素によって分解される過程で紫外線の影響でフラボノイド系色素の一種であるアントシアンが生成されると紅葉になる。

カエデ類などの落葉広葉樹の紅葉は秋に鮮やかに現れるが，気温が5°C以下に下がるといっせいに紅葉するといわれている。5°Cは温帯の多くの植物にとっては生理的に0°Cであり，それ以下になると大部分の代謝機能が停止する温度である。紅葉する樹木は気温が5°Cまで下がり，これ以上葉をつけていても光合成ができない状態になると，枝と葉柄の間に離層が形成されて水の供給が止まり落葉するが，その前に葉緑体を酵素で分解し，葉のなかに残されているミネラルや窒素も離層が完成する前に回収する。しかし糖類までは十分に回収しないので，糖類は葉のなかに溜まる。その糖類が酵素と強い紫外線の影響によってアントシアンが生成され紅葉する。

アントシアンが合成される意味として，次のような仮説がある。樹木は気温が低下したり樹勢が低下したりして光合成が十分にできなくなると，葉中の葉緑体を分解して貴重な成分の回収を行うが，そのとき葉緑体中のクロロフィル（葉緑素）が外に出てきて直接光を吸収して励起状態になる。そうすると毒性の強い活性酸素が生成されて葉の細胞が壊されてしまい，必要な成分の回収ができなくなる。そこで，青い光を効率よく吸収するアントシアンをつくってクロロフィルが励起状態になるのを防ぐ，という説である。また，アントシアンが多い葉はアブラムシの被害が少ないという研究報告もある。さらに，アントシアンなどのフラボノイド系色素は紫外線をよく吸収するので，紫外線の害を防ぐといわれている。しかし，これから落葉させようとする葉でそのような防御機構を発動させる意味は何か，ということを考えると，まだ多くの謎があるように思う。

黄葉はクロロフィルの減少によって，それまで隠されていたカロテノイドの色が出てくるものである。カロテノイドはテルペンの一種で，テトラテルペンに分類されるが，炭素と水素のみからなるものをカロテン，それ以外の物質を含むものをキサントフィルという。カロテノイドにはたくさんの種類があり，それによって黄葉の色がかなり異なってくる。

ケヤキやナラ類は紅葉するときにややくすんだ赤褐色になる。これを褐葉という。褐葉は葉緑素が減少してタンニンの仲間の物質が酸化重合したフロバ

フェンという物質の色が現れてきたときに生じる。赤く紅葉したケヤキの葉をよく見ると，1枚の葉のなかに鮮やかな赤色，橙色がかった黄色，くすんだ赤褐色の3通りの色が現れることがある。また部分的に緑色が残っていて4色となっているものもある。このような1枚の葉のなかの色の変化は，葉の重なりなどで紫外線を受ける量が部分的に異なるときや虫による食害の程度の差があるときに現れやすい。

　寒冷地や冬に乾燥する地方のスギは冬期，葉がくすんだ赤褐色に変色しているが，これは葉のなかのクロロフィルやキサントフィルが減少して，カロテノイドの一種で赤色色素であるロドキサンチンの色が現れたものである。普通，春になるとクロロフィルが増加して再び緑色に戻るが，冬の間に寒風害などで枯れた木も同様の色をしているので，赤く変色したスギが枯れているのか生きているのか，春になるまでわからないことが多い。

　紅葉，黄葉，褐葉などは秋だけに起きる現象ではなく，多くの常緑広葉樹では，新葉が展開してから旧葉を落とす際に，旧葉で紅黄葉現象を示す。また，樹勢の低下している落葉広葉樹の個体では，夏期あるいは初秋でも紅黄葉現象を呈して落葉する。さらに，ハゼノキやサクラ類は初秋の頃に，まだ十分に暖かいうちから紅葉して落葉する。すなわち，紅黄葉現象は葉が何らかの原因で光合成ができなくなったときに，葉を脱落させる前に窒素，ミネラルなどを回収する段階で起きるものであり，多くの落葉広葉樹はおおむね5℃がその境界温度であるが，樹種によってはそれよりも高い温度で光合成ができなくなる。また樹勢不良の個体も，気温が少し低下したり乾燥が続いたりして光合成に少しでも不利な条件になると，早々に“店仕舞い”をしてしまう。

　一方，落葉広葉樹でありながら紅黄葉をしない樹種がある。ヤマハンノキやハンノキは晩秋あるいは初冬まで葉が緑色を保っており，気温が0℃以下になると緑色が少し退色した程度で落葉する。このような樹種は，紅黄葉するために必要なエネルギーを使わずに，生理的限界まで光合成を続けて稼ごうとしていると解釈できる。その代わり窒素，マグネシウムなどの葉緑体構成成分は回収できない。

13 外樹皮

① 周皮とコルク層

樹木の若い茎が維管束形成層による二次的な木部形成と篩部形成によって肥大すると，茎の表面を覆っていた表皮は接線方向に引張られて軸方向に裂ける。すると，裂けた部分の表皮の内側の皮層組織細胞，ときには表皮細胞そのものが再び細胞分裂能力を獲得して，外側にコルク層，内側にコルク皮層を形成するようになる。この再度，細胞分裂をするようになった細胞の薄い層をコルク形成層という。そしてコルク層，コルク形成層，コルク皮層の3層を合わせて周皮という。

コルク形成層は薄い細胞壁をもつ1層から数層の細胞列であり，コルク細胞は細胞分裂当初は生きているが，すぐに死んでコルク層となる。コルク層は断面が四角形あるいは六角形の筒状で放射方向に長い細胞がほとんど隙間なく並んでおり，細胞膜より内側は中空となって空気で満たされ，細胞壁には蠟物質のスベリン，ときにはリグニンも大量に沈着して，水の浸透と蒸発を防止し，病害虫の侵入を防ぎ，直射日光による熱を遮断している。

コルク皮層は数列の柔細胞で構成され，細胞壁はセルロースに富む。最外層のコルク層がごく薄いか脱落するかしてコルク皮層細胞に光が達する場合は，細胞内の白色体が葉緑体に変わり，光合成をするようになる。コルク皮層は若い茎にあった一次皮層が肥大成長で破壊された後の二次皮層として機能する。樹皮を絶えず薄くしている樹種の場合，この最外層のコルク皮層も，内側に新しい周皮が形成されると篩部との連絡を絶たれ，光合成機能を失ってコルク化し，コルク化して柔軟性を失うと肥大成長に対応できなくなって脱落する。

表皮が破られた後に皮層組織に形成される一次コルク形成層の細胞分裂期間は短く，茎のその後の肥大成長によってすぐに破壊されてしまうが，その際，維管束形成層の細胞分裂によって毎年新しい篩部が形成されることによって潰されたり押し出されたりした古い篩部柔細胞の一部が再び細胞分裂機能を回復し，二次コルク形成層に変化して周皮を形成するようになる。

周皮は肥大成長に応じて内側から次々と形成されるが，コルク層が常に脱落する樹種では樹皮の薄い状態が維持され，脱落しない樹種ではコルク層が幾重

にも重なった厚い樹皮となる。

　以上のように，最初のコルク形成層は茎の最外層で皮層によって形成されるが，その後は既存の周皮の内側で篩部細胞によって毎年形成され，既存の周皮を外側に押しやっていく。普通，コルク形成層は幹全体で等しく形成されるのではなく，部分的に形成され，その形成場所も毎年変わるが，クヌギやアベマキではコルク形成層は幹をほぼ一周するようにつながっており，コルク形成層が次々と入れ替わりながら幹全体に厚いコルク層を形成する。その際，外側の古いコルク層ほど幹周が小さいときに形成されたものであるため，幹の肥大成長によって**図 2.28**（**写真 2.6，2.7**）のような谷間が形成され，成長の旺盛な部分の広がりの大きい谷間の底には明色を呈したもっとも新しい周皮が顔を出している。

　シラカンバ，ヤマザクラなどは最初の周皮が長期間生き続け，肥大成長によって接線方向に引張られても引き裂かれずに細胞数を増やしたり接線方向に細胞を長く成長させたりして，横方向に繊維が発達したよう

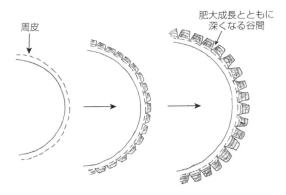

図 2.28　**脱落せずに厚く重なる樹皮**

写真 2.6　**アベマキの幹の断面**

写真 2.7　**クヌギの樹皮**

横に並ぶ皮目の列

図 2.29　横に引張られなが
ら伸張する樹皮

写真 2.8　横に並ぶサクラの皮目

な樹皮となる。特にヤマザクラやオオヤマザクラなどでは横方向への引張りとともに皮目も横並びで形成される（**図 2.29**（**写真 2.8**））ので，サクラ類独特の樹皮となり樺細工として利用されている。

　モミ，ケヤキなども最初の周皮が長く生き続けるが，ヤマザクラのように繊維が横方向に長く発達することはなく，少々横方向に引張られたような状態となる。ケヤキなどでも，あまり長くはないが，皮目の列が横並びにできることがある。ケヤキの場合，壮齢木や傷ついた木，直射日光が直接幹に当たる部分などでは，コルク形成層の分裂が盛んになり，外側のコルクが鱗斑状に剥げて滑らかな樹皮ではなくなってくる。

　プラタナスやサルスベリなどでは周皮のコルク組織はほとんど発達せず，コルク皮層で盛んに光合成を行っているが，数年経って組織が古くなると皮層全体がコルク化する。コルク化して柔軟性がなくなると幹の肥大成長に合わなくなって脱落し，その内側にはすでに新たな周皮が形成されていて，組織の入れ替えが行われる。このような樹皮の新陳代謝は幹全体で斑状に行われる（**図 2.30**（**写真 2.9**））。

　ニシキギの若い枝は断面が四角形をしているが，当年生の枝でも対角の2つの角の表皮が軸に沿って縦裂し，そこにコルク形成層が形成されて放射方向に連続的にコルク組織を形成するため，特異な翼型コルク層となる（**図 2.31**）。この翼型コルク層は，やわらかく長い枝に曲げ荷重に対する抵抗性を与え，若く細い枝を水平あるいは斜め上方に維持するはたらきがある。ニシキギにごく

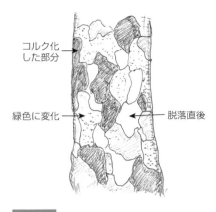

コルク化
した部分

緑色に変化

脱落直後

図 2.30　常に剥離し入れ替わる樹皮

写真 2.9　斑状の樹皮の新陳代謝

断面

図 2.31　ニシキギの若い枝の十字型コルク

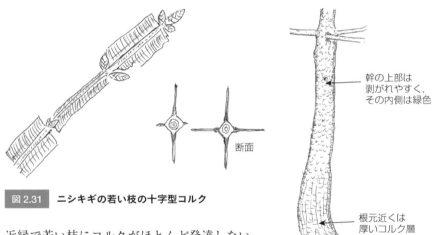

幹の上部は
剥がれやすく，
その内側は緑色

根元近くは
厚いコルク層

図 2.32　アカマツの樹皮の変化

近縁で若い枝にコルクがほとんど発達しない
コマユミは枝がいくらか垂下する傾向がある。
　アカマツの幹上部や枝は赤褐色の薄く剥が
れやすいコルク層が重なっており，そのすぐ

下の皮層組織は葉緑体をもち光合成を行っているが，幹下部はクロマツのよう
に厚いコルク層が形成されている（**図 2.32**）。このコルク層が薄く剥がれやす
い部分と厚く重なっている部分との境は急激に変化しており，明瞭に区別でき
る。このような差がなぜ生じるかは明確にされていないが，ひとつの要因とし
て肥大成長に伴う外周の拡大率の差が考えられる。仮に年輪成長の幅が同じだ

とすると，幹の細い部分が成長するのと太い部分が成長するのとでは拡大率が異なり，細い部分のほうが急激に拡大する。普通，樹木の幹の肥大成長は光合成を盛んに行っている枝の直下でもっとも旺盛なので，樹冠の位置が高い木の場合，幹上方のほうが幹下部よりも年輪幅が広い。このような成長率の差がひとつの要因と考えられる証拠として，傾斜している幹の下向き側と上向き側で樹皮の状態が異なることが挙げられる。アカマツの幹の下向き側では圧縮あて材形成により傾斜上向き側よりも肥大成長が旺盛であるが，上向き側の肥大成長の小さい，すなわち拡大率の小さい部分では樹皮の剥がれが少なく厚いコルク層となっている。それに対し，下向き側はいつまでも樹皮が剥がれやすい状態が続いている。もうひとつは幹の揺れが考えられる。幹は上部ほど風による揺れが大きく瞬間的に曲がり，樹皮が圧縮や引張りの力を受ける。コルク化した外樹皮はほとんど伸縮しないので，頻繁な曲げによって脱落するが，根元近くはほとんど曲がらないので，脱落しにくい状態になるのであろう。さらに言えば，アカマツとクロマツの間では雑種ができやすく，平地のアカマツと思われている個体のほとんどがいくらかクロマツの遺伝子をもち，そのためにクロマツの形質が幹下部に出ているという考え方もある。

　スギやヒノキの樹皮（**図 2.33**）は伝統的家屋の屋根の檜皮葺や杉皮葺に用いられるが，旧スギ科を含むヒノキ科の樹木はすべて繊維状の樹皮が縦に長く薄く裂ける性質がある。檜皮葺は直径 70 cm 以上と十分に大きくなったヒノキの皮を再生が可能なように篩部を傷めないギリギリのところで剥ぐが，杉皮葺は伐採したスギの丸太から樹皮を剥いで使用する。それはスギの場合，新鮮な皮まで剥いでしまうと樹皮再生能力が低下してしまうので立木からの採取が困難なためといわれている。

　コルクは組織が傷ついたときにも形成される。たとえば，枝についているまだ緑色のミカンの表面を浅く傷つけると，傷ついた部分が盛り上がって黄土色に変化する。これはコルク形成層をつくらずに細胞が直接コルク化すなわち細胞死と細胞内の空洞化および細胞壁のスベリン化が起きる現象であるが，メロンの実の縞模

縦に長く
裂ける

図 2.33 スギやヒノキの樹皮

様も実の急激な肥大成長により表皮が破れ，皮層がコルク化する現象である。樹皮の薄い樹木の樹皮を傷つけた場合は，皮層や篩部がコルク形成層に変わり，コルクを生産するようになる。一度傷ついてコルク形成層が形成された部分は他の場所よりもコルク生産が旺盛になり，コルクが傷の形で浮き出てくるようになる。ケヤキでは樹皮に何らかの菌が感染し，周皮とコルクが異常に生産され，感染部位が年々少しずつ拡大するため，火山のような円錐形に盛り上がってくる現象がしばしば見られる（**図2.34**）。この異常なコルクの発達はきわめて剥がれやすいので，きれいな円錐形に

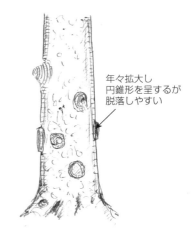

年々拡大し
円錐形を呈するが
脱落しやすい

| 図 2.34 | **ケヤキのコルクの異常な円錐形の重なり** |

なっていることは稀である。シラカシの樹皮は比較的滑らかであるが，脱落はせず，あまり厚くもならない。しかし，公園などでシラカシの樹皮を見ると，滑らかなものは少なく，小さな粒状のコルクが表面に密生してきわめてざらつく状態となっているものが多い。これはカシノアカカイガラムシの雌の寄生による影響と考えられている。カイガラムシが樹皮表面に寄生すると樹木が反応してその部分に小さな瘤状のコルクをつくり，そのコルクがカイガラムシの体を覆い，やわらかい体をアリなどの天敵の攻撃から防護していると考えられる。虫が樹木の防御反応を利用している例である。なお，このシラカシのざらつきは山地の二次林などではほとんど見られない。

2 皮　目

　皮目は枝，幹および表面がコルク化した根における空気の取入れ口であるが，そこから病原菌などが侵入しないようにコルクが特殊なフィルター状態となっている（**図2.35**）。皮目はコルク形成層とは別の皮目コルク形成層によってつくられる。ヤマザクラの皮目は幹や大枝の肥大成長によって樹皮が接線方向に引張られると，次々に皮目を横方向に隣接して形成するので，横並びの皮目の列となる（**図2.36**）。まだ樹皮を一度も剥離していない若いケヤキでも，いく

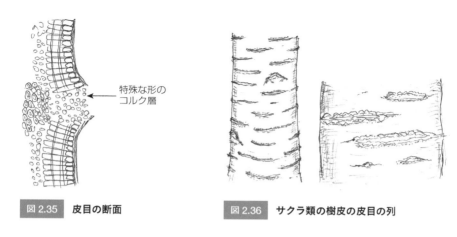

特殊な形の
コルク層

図 2.35 皮目の断面

図 2.36 サクラ類の樹皮の皮目の列

らか同様の現象が見られる。皮目は茎と比べると少ないが根にも形成され，特に土壌のごく浅い層を這う水平根では普通に見られる。一部の樹種では，根や茎が停滞水に浸かり呼吸が困難になると，皮目コルク形成層は皮目ではなく皮層通気組織を形成するようになる。皮目コルク形成層は不定根の原基となることもあるらしい。

③ 樹皮での光合成

　若い茎は緑色をしているが，これは表皮の内側の皮層細胞が葉緑体をたくさんもっていて盛んに光合成をするからである。若い枝の一次皮層は数年も経つと茎の肥大成長によって破壊されてしまうが，篩部柔細胞の一部がコルク形成層に変わって再び細胞分裂機能を回復し周皮を形成するようになる。コルク層を脱落させて常に薄い状態にして皮層にも光が届くようにしている樹種では，形成された周皮のコルク皮層でも，葉緑体をもって光合成を行っている。ユーカリ類，プラタナス類，カゴノキ，サルスベリ，ケヤキなどのように厚いコルク層を形成しない樹種では，最外層の周皮は常に入れ替わりながらも，幹全体で光合成を行っている。ユーカリの古くなったコルク層は軸方向にきわめて長く脱落する。コルクが脱落した後の樹皮表面は薄い黄白色をしているが，しばらく経つと薄い緑白色に変わり，その表面を傷つけると皮層組織が鮮やかな緑色を呈しているのがわかる。針葉樹でも，ハクショウ（シロマツ）はコルク化した部分が斑模様に剥げる緑白色の樹皮をもち，光合成をしている。クロマツ

はごく若い茎では光合成を行っているが，少し太くなって外樹皮の内側から新たな樹皮が生産されるようになっても外樹皮を脱落させないので，樹皮での光合成は行われなくなる。それに対しアカマツは外樹皮を次々と斑状に脱落させており，厚いコルク層を形成する幹下部を除き，ほぼ幹と枝の全体で光合成を行っている。

14 潜伏芽

多くの樹木は剪定や枝の折損が生じると大枝や幹の途中あるいは根元近くから新しい枝を発生させ，失われた枝葉の回復を図ろうとする（**写真 2.10**）。これらは胴吹き枝，ひこばえ，余蘗（よげつ），やごなどと呼ばれている。この新しい枝のほとんどは発生する場所があらかじめ決まっており，広葉樹の場合，もとは腋芽である（**図 2.37**）。その幹あるいは大枝がまだ伸びたばかりのシュートのとき，葉柄の基部の脇に小さな芽があり，これらの芽は翌年開芽して新たなシュートを形成するが，シュートの下方の芽は翌年になっても開かず，そのまま長期の休眠状態すなわち潜伏芽となる。しかし，樹皮のなかに埋もれながらも年輪成長とともに潜伏芽はつくられ続け，すなわち茎の軸に対してほぼ直角方向に1年輪の幅と同じ長さで成長を続ける。その潜伏芽には芽鱗は形成され

写真 2.10 いっせいに発芽し，シュートを形成したクスノキ

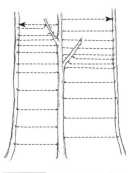

図 2.37 長期休眠状態となる腋芽

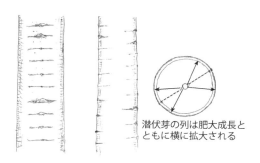

図 2.38 ケヤキやエノキの潜伏芽の列

潜伏芽の列は肥大成長と
ともに横に拡大される

写真 2.11 一列に並んだ若いエノ
キの幹の潜伏芽

写真 2.12 コウヨウザンの枝の周囲の
潜伏芽

写真 2.13 ケヤキの潜伏芽のトレース

ない。そして，ある条件が生じたときに，
樹皮を突き破って伸長する。その条件と
は，樹冠上部から供給されるオーキシンの影響が小さくなり，サイトカイニン
の影響が大きくなることである。オーキシンには側芽の開芽と伸長を抑制する
はたらきがあり，サイトカイニンには側芽の形成と開芽，伸長を促進するはた
らきがある。

　枝にある芽は樹皮にのみ込まれても生き続け，年々樹皮の最内部に形成され
続けるので，枝の周囲，特に枝の両側面と下部の芽は潜伏芽となる。しかし，
枝の上向き側の芽すなわち幹の中心のほうに向いた芽は潜伏芽となることがで

きない。この潜伏芽の並びはケヤキやエノキ，コブシなどの樹皮ではきわめてわかりやすい（**図2.38**（**写真2.11～2.13**）が，樹皮の厚い樹種ではコルク層のなかに埋もれているので不明瞭である。

15 長枝と短枝

枝には長枝と短枝がある。基本的に，長枝は節間が長く葉の数はあまり多くないが，大きな葉をつけて光合成を盛んに行い伸長成長をする枝であり，短枝は節間がきわめて短く葉の数は多いが大きさはやや小さく，花芽をつけて結実する繁殖のための枝である（**図2.39上**）。若木は普通，短枝をほとんどつけず長枝ばかりであるが，壮齢木になると短枝が多くなる。短枝を多くつける樹種として，イチョウやアオハダが有名であるが，ほとんどの樹種はイチョウやアオハダほどの明確な差はないが，伸長成長主体の長い枝と生殖主体のやや短い枝の両方をもつ。マツ類はすべての葉が短枝の先につく（**図2.39下**）。

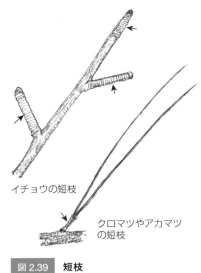

イチョウの短枝

クロマツやアカマツ
の短枝

図2.39　**短枝**

16 根　系

1 根の分布範囲

造園学などの専門家も含めて，樹木の根の広がる範囲は樹冠の範囲とほぼ同じ，というのが一般的な通念である。しかし，根の切断，衰退，障壁となる岩盤の存在など根系発達に影響する障害がまったくない状態で成長した根系は，

写真 2.14 四方八方に均等に伸びようとするエノキの根

一般的なイメージ

実際の根系，樹冠の範囲をはるかに超えて広がる

図 2.40 根系の分布状態

四方八方に均等に伸び（**写真 2.14**），樹冠の範囲をはるかに超えて伸びていく（**図 2.40**）。前述のように樹木の根は多くの水分を吸収しており，根系のないところのほうが，あるところよりも土壌水分が多い。ゆえに，樹木の根は水を求めて自らの樹冠の範囲よりも外へ外へと伸びていこうとする。根が伸びるもうひとつの理由として，水分や窒素，ミネラルを吸収する機能があるのは根の表面がコルク化していない先端付近に限られ，しかも先端付近は組織が古くなるにしたがって表面がコルク化して水分吸収機能を失っていくので，水分を吸

収するためには絶えず先端部分を伸ばし続けなければならないことがある。

　樹木の根系は，一部の根は重力屈性を示して垂下根となるが，大部分の根は水分屈性を示して水平方向に伸びる。水分屈性を示す根が水平方向に伸びる理由は，水分を吸収するためにはエネルギーが必要であり，そのエネルギーは酸素呼吸によって得られるので，吸収する水に多量の酸素が溶けている必要があるからである。そのため，空気や水の移動しやすい粗孔隙が多く，毛管現象を示す細孔隙中の水分にも酸素が十分に含まれている浅い層を伸びていく。

2 根の先端の構造

　細根は根の先端から数 cm 以内の範囲の白根の部分である。最先端に根冠があり，その内側に根端分裂組織がある。その根端分裂組織は盛んに細胞分裂を行って根を形成していく。根端分裂組織の細胞分裂によって根の先端は押し出されるように伸長し，土壌中を旋回運動しながら手探り状態で隙間を探して前進していく。根冠は土粒子や石礫との衝突から根を守るはたらきをしており，絶えず摩耗するので，常に根端分裂組織から補充される。脱落した根冠細胞は細根の表面に付着し，細根から分泌される粘液やさまざまな有機酸，可溶性糖類などとともに根圏を形成する。樹木の根系のうち，水分や窒素，リン酸，カリウムなどの肥料成分を吸収する能力があるのは細根部分だけであり，根が分岐して細根が増えると養水分吸収能力が高まることになる。細根の養水分吸収能力は表皮細胞が木化したりコルク化したりすると喪失するが，先端が伸び続けることによって吸収機能のある部分は移動していく。

　根端分裂組織の細胞分裂によって形成された細根は次第に組織化され，前掲の**図 2.16** のような構造をもつようになる。養水分は表皮細胞と皮層細胞の細胞壁と皮層細胞の細胞間隙を自由に通り抜けることができるが，水分が細胞のなか，すなわち細胞膜内に入ることができるのは細胞膜による選別を経たものに限られる。皮層を通り抜けてきた養水分は皮層のもっとも内側の内皮層に達する。内皮細胞の細胞壁にはカスパリー線あるいはカスパリー帯という，スベリンあるいはリグニンで構成された不透水層（**図 2.41**）があり，養水分が内皮の内側の中心柱に入るには内皮細胞の細胞膜内に入らなければならない。そのとき，内皮細胞膜は盛んに呼吸することによって得たエネルギーを使って通過させる物質を取捨選択する。このときに消費する酸素は土壌水のなかに溶け

込んでいる酸素であり，土壌の大きな粗孔隙のなかの空気ではないので，土壌水に酸素が含まれていなければ細根は水を吸収することができない。

"根圏"は細根を包む粘液物質に影響される，厚さ1mm以下の範囲であり，多様な微生物の生息と根からのさまざまな分泌物質によってきわめて複雑な生態系が形成されている世界である。根圏には窒素固定作用をする半共生生活

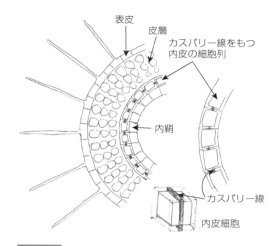

図2.41　カスパリー線（内皮細胞壁中の不透水層）

あるいは独立生活をする微生物も無数に生息しており，根にアンモニア態窒素を供給し，根からは糖などの代謝産物を得ている。さらに，根から分泌された有機酸（根酸という。クエン酸，シュウ酸など）が，不溶性となったリン酸化合物を溶かして吸収可能な形態にしたり，アルミニウムのような毒性物質を包んで不溶性にしたり（キレート作用という）するはたらきも示す（**図2.42**）。

土壌が深くまで膨軟で伸長成長に障害となる要因がほとんどない場合，種子から発生した主根は重力屈性にしたがって

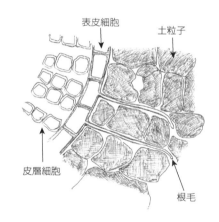

図2.42　土塊のわずかな隙間を伸びる根毛

下方に向かって伸びていくが，ある程度深くまで伸びると土壌水分中の酸素が次第に少なくなっていく。そうすると主根の先端部分の活性が低下し，根端分裂組織におけるサイトカイニンという植物ホルモンの生産が減少し，葉や芽で盛んに生産されて篩部を下降してくるオーキシンの影響のほうが強くなり，側根が形成される。側根は内皮の内側，中心柱の最外層にある内鞘という1列

から数列の柔細胞の層の分裂によって発生する（**図2.43**）が，根の二次肥大成長により，根の断面の最外層の表皮から皮層，内皮，内鞘と順に破壊されると，太くなった根から発生する側根は形成層，放射組織，痕跡的な内鞘，皮目コルク形成層などから形成されるようになる。

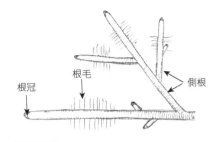

図 2.43　**側根の形成**

3　不定根

　胚および根以外の組織・器官から発生した根を不定根という。裸子植物と双子葉植物では，胚から発生した幼根が主根に発達し，主根から側根が発生して根系が発達していくが，単子葉植物では胚から発生した幼根はすぐに衰退し，胚軸や茎の下部から発生した不定根があまり分岐せずに髭のように伸び，体を支えるようになる。これは特にイネ科植物に顕著で，たとえば竹笹類は地下茎や稈の基部の節から発生した不定根（**図2.44**（**写真2.15**））が養水分を吸収する。ほとんどの単子葉植物の不定根は樹木のような肥大成長と分岐をしないので，形態的には単純である。

　アコウ，ガジュマル，インドゴムノキのようなクワ科イチジク属の高木性樹木では，枝や幹から糸のような気根が多数発生して垂下

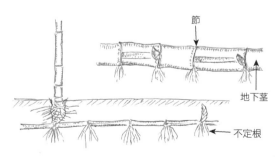

図 2.44　**竹笹類の不定根**

写真 2.15　**モウソウチクの稈の節から発生した不定根**

し，空中の水分を吸収しているが，地面に到達すると土中に根を伸ばして急速に肥大し，圧縮側では丸太支柱のように，引張り側ではワイヤー支柱のように発達する。

　不定根の始原体（原基）は維管束形成層，篩部，篩部放射組織，木部放射組織，枝の節の葉隙，内鞘，癒傷組織などのカルスから形成されるが，不定根始原体形成とその成長にはオーキシン，エチレン，ジベレリンなどの植物ホルモンが深く関与している。また傷の存在，材・樹皮の腐朽，穿孔虫の切削屑や虫糞（フラス）の存在，適度な湿り気などが不定根発生に大きく関係している。ただし傷があってもその周囲に腐朽材やフラスがなければ，カルスは不定根にならない。サクラ類ではコスカシバ幼虫の穿孔痕から不定根が発生しているのがよく見られるが，カミキリムシ幼虫の穿孔によりできた大きな穴では乾燥しやすいので不定根は発生しにくい。多くの樹種では，発生した場所がどこであろうとも，不定根と普通の根（定根）との間に組織的・形態的な差は生じない。樹皮や辺材が腐朽していると不定根が発生しやすいのは，腐朽材のなかの微生物が生産する微量なオーキシンなどの物質が影響しているのかもしれない。

　ヤナギ類は枝の篩部の外側，皮層との境界部分に痕跡的に残っている内鞘が不定根の原基となっていて，枝が幹についている状態では不定根は発生しないが，切りとって地面に挿したりすると速やかに発根する。タチヤナギやマルバヤナギのように河原に生えるヤナギ類は洪水で幹や枝が流されても，流れ着いたところで不定根を出して活着する能力がある（**図 2.45**）。また，流されずに倒れたり折れたりした状態になった木も，幹や枝から不定根を出し，その根が支持根にまで発達すると，その先で起き上がることができるようになる。ゆえに，ある河川の上流域と下流域で遺伝子がまったく同じ個体が見られるというこ

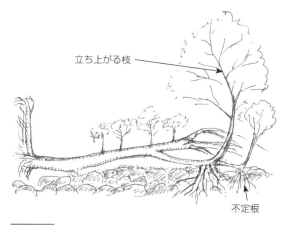

立ち上がる枝

不定根

図 2.45　**倒状したヤナギの枝からの発根**

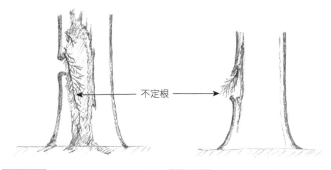

| 図 2.46 | 材の腐朽部に伸びる不定根 | 図 2.47 | 腐朽材と死んだ樹皮を押し出して露出した不定根 |

とがある。ヤナギ類のこのような性質を利用して，山腹斜面の崩壊防止策としてヤナギの枝の挿し木がしばしば行われている。

　いくつかの樹木では木部放射組織から続く篩部放射組織が不定根の原基となることがあり，一部の樹種は皮目コルク形成層が不定根の原基となることがある。生立木の幹から発生した不定根の多くは材の腐朽部や樹皮の壊死部に伸びる（**図 2.46**）が，その上に被さっている樹皮が剥がれたり腐朽材が脱落したりすると，不定根は乾燥枯死してしまう（**図 2.47**）。多くの場合，不定根は途中で枯死してしまうが，土壌表面に達して土中に根を張ると，活力の高い細根を多数分岐して急速に肥大成長し，樹体に養水分を供給するようになる。

17 樹液の正体

樹液の種類

　樹液には多様な種類がある。その概要を次に説明する。

篩部液　　茎葉で生産された光合成産物の転流であり，篩部を根端に向かって流れる。基本的に上から下に向かって流れるが，シダレザクラやシダレヤナギのように枝垂れた枝では上方に向かって流れることもある。

木部（導管・仮導管）液　　細根で吸収された水分・窒素・ミネラルなどを茎葉まで輸送する。

乳液（ラテックス）　　篩部と皮層の間にある乳管細胞から分泌されるエネルギー貯蔵物質あるいは防御物質である。

鳥もち　　靭皮の柔細胞に含まれる蝋物質。

樹脂（やに）　　材に散在する樹脂細胞即ち正常樹脂道を囲むエピセリウム細胞から分泌される。テルペン類とロジンが主成分である。傷や菌の侵入によって形成される傷害樹脂道からも分泌される。

皮層における水の流れ　　根系先端の細根部分に溶存酸素を輸送する。

樹脂病　　病原菌等の分泌するセルロース分解酵素（セルラーゼ）・ヘミセルラーゼ分解酵素等による細胞壁の溶解と植物体外に漏出する病気で，たとえばモモやサクラ類の細菌性樹脂病がある。

水食い　　材の水分過剰状態。遺伝的なものと細菌類が原因のものとある。細菌が原因のものは傷口から漏出する水が着色したり臭気があったりする。

浸透雨水の漏出　　水食い現象と間違えやすい。

2　樹液の役割

　樹液には次のような役割がある。
・細胞の生命機能の維持
・光合成等の代謝機能の維持（篩部液・木部液）
・光合成産物・窒素・ミネラル等の物質の運搬（木部液・篩部液）
・生体防御（篩部液，樹脂，乳液，鳥もち）
・エネルギー貯蔵（樹脂，乳液，鳥もち）
・耐寒性確保（樹脂・篩部液）
・乾燥防止（樹脂，鳥もち）

3　篩部（篩細胞・篩管）液

　篩部を構成する細胞は被子植物以外（針葉樹が含まれる）と被子植物（広葉樹）ではいくらか異なる。両者の最も大きな相違は被子植物以外が篩細胞，被子植物が篩管要素で構成されていることである。篩部内を転流する篩部液は光合成で生産されたショ糖（スクロース，ブドウ糖と果糖が脱水結合した二糖）を多量に含むので基本的に甘いが，多くのフェノール性物質を含んでいて苦い

ことが多い）が主である。アミノ酸などもわずかに含む。夏，クヌギ・コナラの幹から漏出する樹液はボクトウガ幼虫が絶えず篩部を傷つけることによって篩管液が流れ続け，フェノール性物質が少なく甘い樹液に群がった虫をボクトウガ幼虫が捕食する。シロスジカミキリ幼虫の樹皮食害によっても篩管液は流出するが，一時的でしばらくすると止まってしまう。樹皮の薄い木の篩部液はフェノール性物質を含んで苦いことが多いので，虫はなめにこない。

④ 木部（導管・仮導管）液

木部の導管・仮導管・木繊維（**図 2.48**）はすべて死細胞であるが，広葉樹の導管の周囲は生きている柔細胞がとり囲んでいる。木部液は壁孔（**図 2.49**）を通じて導管間，仮導管間，導管と柔細胞間を移動する。壁孔（有縁壁孔と単壁孔がある）には壁孔膜（壁孔壁ともいう）があり，壁孔の開閉を行っている。

木部における水分上昇は基本的に葉からの水分蒸散，導管・仮導管内での水分子間の凝集力，毛細管現象，細根における浸透圧（根圧）の4つの力で起きるが，最も大きな力が，大気が水を吸い取る蒸散力（大気と葉の海綿状組織との間の水蒸気圧の差）と細い導管・仮導管内での水の凝集力である。

寒冷地では初春の一時期，根圧で木部液が上昇する。微量のブドウ糖・果糖・ショ糖・アミノ酸・有機酸が含まれる。サトウカエデ・イタヤカエデ・シラカンバのシロップ，ミズキなどの枝の切断部から漏れ出る樹液の採取は導管液が根圧で上昇する早春の一時期に限定される。

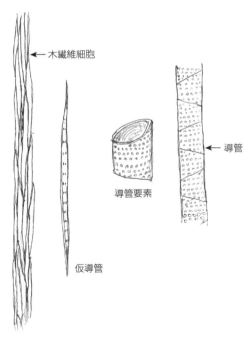

← 木繊維細胞

仮導管

導管要素

→ 導管

| 図 2.48 | 木部細胞　導管と導管要素（右），仮導管（中），木繊維（左） |

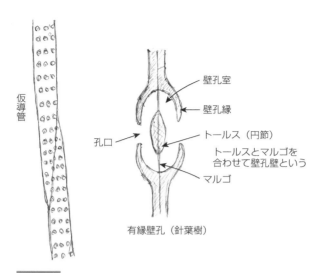

仮導管

壁孔室

壁孔縁

トールス（円節）

トールスとマルゴを
合わせて壁孔壁という

孔口

マルゴ

有縁壁孔（針葉樹）

図2.49 針葉樹仮導管の有縁壁孔

木部液に溶解している物質は各種ミネラル・硝酸，少量あるいは微量のブドウ糖・果糖・ショ糖・アミノ酸・有機酸である。

　木部では辺材の1年分から数年分しか導管・仮導管内の水分は流れていない。心材部分や古い辺材ではすでに水分の上昇はほとんど止まっている。その上昇流の速さは樹種，立地環境，時間，根元からの高さによって著しく変化する。木部液の上昇速度の測定には下記のような方法がある。

　ヒートパルス法は樹幹にヒーターを組み込んだ針を差し込み，1秒前後発熱させる。ヒーターの上方1cm程度離れた所にきわめて細い温度計を挿入して温度を測定し，発熱させた時から温度計で温度上昇が起きるまでの時間差を計測して流速を求める方法である。茎熱収支法は茎に巻きつけたヒーターに一定電圧をかけて発熱させ，発熱量，茎を伝導する熱量，外部に逃げる熱量を計測して，樹液流で運ばれた熱量をこれらの残差として求める方法である。直径1cm程度までは比較的容易に計測可能である。冬の厳寒期に導管内の水分が凍結すると，特に径の大きな大導管内には気泡が生じ，通導が阻害される。また傷などが生じて導管内に気泡が生じた場合も通導は止まる。そのようなとき，径の大きな導管ではしばしばチロース現象（tylosis填充体）によって導管の閉塞が起きる。チロース現象は環孔材樹種で生じやすい。

5 乳液（ラテックス）

　乳液は篩部に接する部分にある乳管細胞から分泌される防御物質である。また、エネルギー貯蔵の役割も果たしていると考えられている。木部など全身に乳細胞がある植物もある。

　ラテックスは水にポリマー（重合体）の微粒子が安定的に分散したエマルジョンであり、自然界に存在する乳状の樹液や界面活性剤で乳化させたモノマー（単量体）を重合することによって得られる液をいう。多くが空気に触れると凝固する。蛋白質、アルカロイド、糖、油脂、タンニン、樹脂、天然ゴムを含む複雑なエマルジョンである。エマルジョンとは互いに混じり合わない2種類の液体で、一方がもう一方の液体中に微粒子状で分散しているものをいう。

　漆は代表的な乳液の一種であるが、漆にもいくつかの種類があり、皆フェノール性物質である。成分によってウルシオール（日本産と中国産では若干異なる）、ラッコール（台湾産・ベトナム産）、チチオール（タイ産・ミャンマー産）に分けられる。同じく代表的な乳液である天然ゴムはラテックスの一種で、事業的にはパラゴムノキから採取される。昔はインドゴムノキからも採取された。イチジク、イヌビワ、シラキなどにも同様の物質が含まれる。天然ゴムは化学式が $(C_5H_8)_n$ で表され、トウダイグサ科の常緑高木パラゴムノキ（*Hevea brasiliensis*、アマゾン川流域原産）から採れる100% *cis* 型のポリ-1,4-イソプレン構造である。グッタペルカ（ガタパーチャ）も化学式が $(C_5H_8)_n$ で表され、アカテツ科の常緑高木グッタペルカ（*Palaquium gutta*、マレーシア原産）の樹皮から採取される100% *trans* 型のポリ-1,4-イソプレンである。ゴムの一種であるが、シス型とトランス型という構造上の違いにより、天然ゴムには弾性があるがグッタペルカには弾性がない。以前は絶縁材として使われた。トチュウやミズキの葉脈にも同様の物質が存在する。チューインガムの原料となるチクルはアカテツ科の常緑高木サポジラ（*Manilkara zapot*、メキシコ原産）の樹皮から採取する白く粘り気のあるラテックスである。ケシの未熟果から採取されるラテックスはアヘンとその誘導体の原料になる。アヘンはモルヒネなどのアルカロイドを含む。

6 鳥もち

　鳥もちは高級脂肪酸と高級アルコールがエステルと結合した化合物，すなわちワックスエステル＝蝋である。モチノキ科樹種の樹皮（モチノキ・クロガネモチ・ソヨゴ・セイヨウヒイラギなど）とヤマグルマの樹皮，ガマズミの樹皮，ナンキンハゼ・ヤドリギ・パラミツなどの果実，イチジク属の乳液，ツチトリモチの根などから採取できるが，実質的にはモチノキとヤマグルマに限られる。モチノキから採取されるものを"白もち"，ヤマグルマから採取されるものを"赤もち"という。

7 樹脂（やに）

　樹脂細胞はほとんどの針葉樹の葉・茎・若い樹皮・材といくつかの広葉樹の葉・樹皮に存在する。広葉樹でも稀に材に樹脂細胞が形成されるものがある。樹脂道はマツ科樹種に一般的に見られる。材に形成される正常樹脂道（健全材に存在する。モミ類を除くマツ科樹種）と傷害樹脂道（材が傷つくと形成される。マツ科，セコイア，メタセコイア），篩部に形成される正常樹脂道（マツ科樹種の新梢の樹皮）と傷害樹脂道（多くの針葉樹，サクラ類などにある（**図2.50**）。マツ科樹木には葉にも樹脂道（前掲**図2.23**）が見られる。松脂は精油（揮発性テルペン類とロジンが主成分），琥珀は松脂が化石化したものである。香りの木として有名な沈香はジンチョウゲ科 *Aquilaria* 属の植物の枝幹に，傷や病原菌の侵入などに対する防御反応として樹脂（セスキテルペンなど）が沈着したものと考えられている。

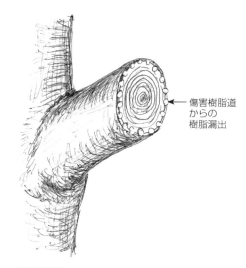

傷害樹脂道からの樹脂漏出

| 図2.50 | **サクラの枝の切断面に見られる傷害樹脂道からの樹脂の漏出** |

8 皮層における水の流れ

普通は樹液とみなされていないが，ヤナギなどの湿地生樹種では幹下部から根端にかけて，樹皮の皮層部分に著しい細胞間隙が規則的に生じて"皮層通気組織"が形成され，その皮層の細胞間隙に満たされた水には皮目からとり入れられた豊富な酸素が溶け込み，細根における水分吸収力が動力源となって根端に運ばれ，細根細胞の呼吸に必要な酸素を供給する。

9 樹脂病

病原菌の分泌するセルラーゼによって細胞壁のセルロースが溶かされ，樹皮の傷から流出して硬化する病気であるが，傷が生じたことによる樹皮部分での傷害樹脂道形成も関係している場合が多いと思われるので，樹脂病なのか傷害樹脂道形成なのか判然としない場合がある。枯れた樹木のキクイムシの穴から半透明の樹脂が細長く伸びて固まっている状態を見たことがあるが，この場合は死んだ組織における現象なので，明らかに微生物の分泌する酵素によるものであろう。

10 水食い

水食いは大きく2つに分けられる。ひとつは微生物が関与しない水食い現象で，木部内に部分的に水分の多いところが生じる。モミ類に多く見られるが，スギなどの針葉樹やいくつかの広葉樹でも観察されている。水分は無色無臭である。もうひとつの微生物が関与している水食いはほとんどの樹種で見られ，漏れ出す水は黒色，褐色，橙色等に着色している。材の亀裂や腐朽部に溜まった雨水が徐々に滲み出すこともある。この場合，滲み出る水は黒色や褐色に汚れていることが多く，微生物が原因の水食い材から漏出した水と区別がつかないことが多い。おそらく多くの場合，両者が混じった状態なのであろう。

CHAPTER 3

樹形の意味

01 喬木と灌木

　英語で「樹木」を表す用語に tree と shrub がある。tree は，日本語では当初喬木と訳され，shrub は灌木と訳されていた。残念ながら第二次大戦後，日常使用する漢字を制限しようという風潮のなかで，喬木は高木，灌木は低木という用語に置き換えられ，現在は高木と低木と訳され，その結果，本来の意味は失われてしまい，単なる高さの差のようにみなされてしまった。

　Tree すなわち喬木と shrub すなわち灌木の違いは**図3.1** のように明確な主幹の有無であり，大きさではない。喬木になるか灌木になるかは，基本的には遺伝的な差異であるが，環境条件によって喬木が灌木になってしまう例もいくつかある。たとえば，ハイマツは高山では灌木であるが，標高の低い所に植栽すると，丈は低いが幹は立ち上がり，喬木状態となる（幹は垂直に立ち上がらず，いくらか斜上する）。日本海側の多雪の山岳地帯の風衝地や雪崩常襲地に分布するミズナラの変種のミヤマナラも灌木状態であるが，風衝地ではないところで育てると喬木となる。北海道の山林には樹高 30 m 以上の大喬木となるミズナラが普通にみられるが，海岸の汀線近くでカシワに混じって生育するミズナラは灌木状（**図3.2**）である。富士山の森林限界付近以上にあるカラマツはまるでハイマツのような灌木であるが，この種子を低標高地で育てると立派な喬木となる。このように喬木になるか灌木になるかは環境条件に影響されるが，ある樹種を喬木性とみなすか灌木性とみなすかはその樹種にとっての良好な立地条件での本来の遺伝的形質によって判断する。ゆえにミズナラやカラマ

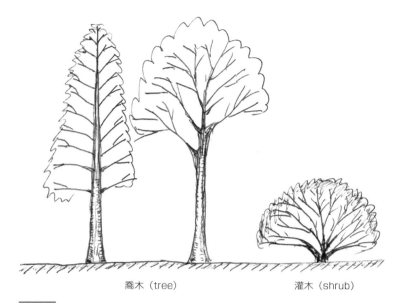

喬木（tree）　　　　　　　　　　灌木（shrub）

図3.1　喬木と灌木

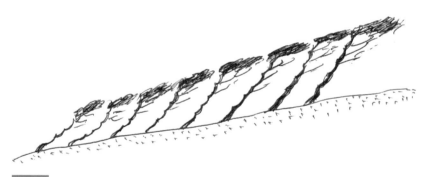

図3.2　北海道の海岸のミズナラ・カシワ林

ツは喬木であり，ハイマツは低標高地では他の樹種と競争できず育たないので灌木である。ツツジ類のなかには樹高5m以上に育つものも見られるが，どんなに大きくても立派な灌木である。多雪地帯に多いイチイは喬木であるが，その変種のキャラボクは灌木である。キャラボクの場合は良好な環境条件で育てても灌木状態であるので，遺伝的に固定されてしまっている。クヌギやコナ

ラの薪炭林は，過去の切断の影響により複数の幹が地際近くから伸びている個体が多いが，この場合は喬木とみなされる。というのも，主幹が不明確なのではなく，萌芽更新によって主幹が複数成立したとみなされるからである。

02 熱帯の樹形と極北の樹形

　赤道直下では日中の太陽高度は天頂に対して南北双方に最大23度26分ずれる（南北の回帰線）だけであるので，熱帯地方では通年，正午の頃の太陽光はほぼ真上からくる。そして，きわめて明るい散乱光が天空全体から注いでいる。ゆえに周辺に背の高い樹木の存在しない草原のようなところに生育する樹木の場合，光を最大限に利用するためには，傘型の樹冠を形成するのがもっとも有利となる（**写真3.1**）。このような傘型はヤギ，ヒツジなどの大型草食動物の摂食によって下枝がきれいに刈り揃えられていることが多い。また森林においても，フタバガキ科樹木のように林冠を構成する樹種よりも群を抜いて背が高くなる樹種は，樹冠を大きく横に広げることによって全天からの散乱光を得ることができる（**図3.3左下**）。一方，アラスカ，カナダ，北欧，シベリアのように北極に近い地域に分布する樹木は1年のうち半年近くは太陽光を浴びず，夏の間も太陽は水平線に近い低い高度をほとんど沈まずに1周するだけなので，厚い空気層を通過してくる弱い太陽光を横方向から浴び，天頂からの散

写真3.1　光を遮る樹木がない平坦な場所にある傘状の樹冠を形成するスダジイ

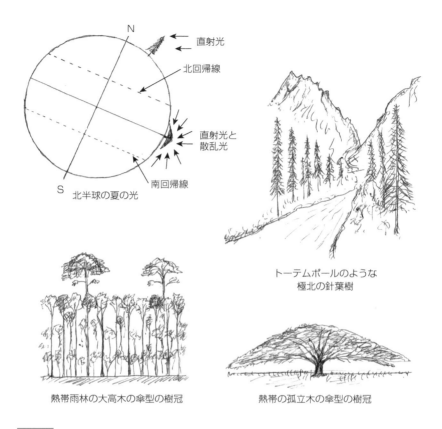

直射光

北回帰線

直射光と
散乱光

南回帰線

北半球の夏の光

トーテムポールのような
極北の針葉樹

熱帯雨林の大高木の傘型の樹冠

熱帯の孤立木の傘型の樹冠

図3.3　北半球の真夏の太陽光角度と熱帯，極北の高木性樹木の樹形

乱光は弱い。この横からくる光に対してはトーテムポールのように高く細い樹冠形のほうが光合成のための光を獲得するのに有利である（**図3.3右上**）。極北の地に生育する針葉樹は木と木の間隔が狭いと横方向からの光を互いに遮り合うことになるので，樹木と樹木の間隔は熱帯多雨林や温帯の広葉樹林に比べるとかなり離れている。

💡 雲霧林

雲霧林は水蒸気を多く含んだ気流が山地にぶつかり上昇気流となって多量の雲を
生じる現象が通年発生している地域に発達する。雲を生じる前の上昇気流は
100 m 上昇するごとに 0.98℃つまり約 1℃気温が低下（乾燥断熱減率）する。
これは気体が膨張する際に熱エネルギーを失うことによる。気流の温度が低下し
て含まれる水蒸気が露点に達すると，水蒸気から水滴に変わる際の潜熱（気化熱）
放出により周囲の気温低下が抑制され，100 m 上昇するごとに約 0.5℃の気温低
下（湿潤断熱減率）に変わる。このことから，同じ緯度でも乾燥した地域と湿潤
な地域とでは標高の上昇によって変化する温度が異なり，乾燥地域ではかなり高
いところまで乾燥断熱減率で温度が低下して温度変化が大きいのに対し，湿潤地
域ではすぐに湿潤断熱減率に変化するので標高の割には気温が高いということに
なる。雲霧林が存在する地域は乾燥断熱減率がほとんどなく基本的に湿潤断熱減
率なので，熱帯や亜熱帯ではかなり標高の高いところにも常緑広葉樹林が成立す
る。

03 樹冠の形とはたらき

　樹冠の形，すなわち枝振りは力学的にきわめて大きな意味をもっている。野
原などで孤立して立っていて，上方からばかりではなく水平方向からも十分な
光を受けられる日照条件のよい状態にある木は大きな樹冠をもっており，林内
のように上方からの光だけで水平方向からの光がほとんどないところでは，下
枝は皆枯れて幹の上方に小さな樹冠がついているにすぎない（**図 3.4**）。しかし，
大きな樹冠をもつ孤立木ほど強い風にさらされ，小さな樹冠の林内木ほど風当
たりは弱い。樹冠は帆船の帆のように横風を受けるので，普通に考えれば，風
当たりの強いところの木ほど樹冠を低く小さくたたみそうなものであるが，実
際はよほど常風の強い山頂や海岸の断崖のようなところではないかぎり，上下
方向，水平方向ともに大きな樹冠を空高く張り，樹高は林内木と比べても遜色
ないほどに成長する。

　孤立した樹木は下枝にも光が十分に当たるので，下枝も枯れずに生き残る。

その下枝は上枝が被さってくるので上方に伸びることができず，光合成をするためには水平方向に長く伸びる必要がある。そして水平方向に伸びれば伸びるほど自分の重さと"てこの原理"で枝先は下がり，ときには地面に接するほどになる。池の畔のソメイヨシノ並木を見ると，下枝が根元よりもさらに低く，水面すれすれまで垂れ下がっていることがよくある（**図 3.5**）。これは光が水面からの反射で斜め下からもくるので，垂下した枝も枯れないからである。このような樹形はソメイヨシノに限らず多くの樹種で見られるが，垂下した下枝は樹木の安定のために重要なはたらきをしている。

　風に対する樹木の安定は幹や枝の力学的な強さばかりではなく，個々の枝の

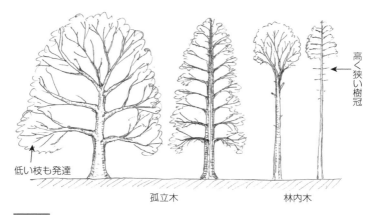

高く狭い樹冠

低い枝も発達

孤立木　　　　　林内木

図 3.4　**林内木の樹冠と孤立木の樹冠**

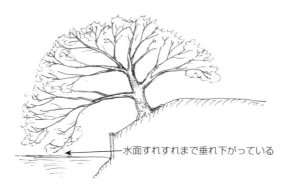

水面すれすれまで垂れ下がっている

図 3.5　**池の畔のソメイヨシノの樹冠**

動きが重要である。樹冠内の斜め上方に向いている枝でも，風上側に向いている枝と風下側に向いている枝とでは揺れるのに時間差が生じ，風方向に対して直角に向いている側方の枝でも，わずかな角度の差で揺れる時間にずれが生じる。枝はある方向に曲げられるとその反動で次の瞬間には反対方向に曲がる。これらの揺れ方のわずかな時間の差により，枝幹にかかる風荷重を枝どうしで打ち消し合うことになる。さらに，風上側の斜め下に向いた下枝は樹木全体が大きく風下側に振られたときに，根が浮き上がるのを押さえつけるような動きをし，風下側の斜め下方向に向いた枝は樹木全体が倒れかかるのを抑えるような動きをする（**図 3.6**（**写真 3.1**））。風向に対して直角に伸びている横枝も，わずかな位置の違いで，風に対してまったく正反対の揺れ方をして互いに揺れの力を消し合っているのを見たことがある（**図 3.7**）。枝振りは樹木の安定にきわめて大きな意味をもっており，特に低く垂れさがった下枝は"やじろべえ"のような安定性を樹木に与えている。

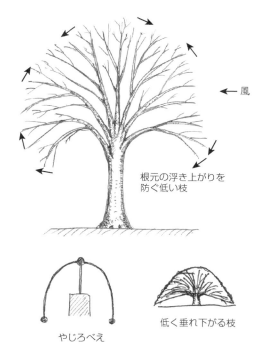

根元の浮き上がりを防ぐ低い枝

風

やじろべえ

低く垂れ下がる枝

図 3.6　風による個々の枝の揺れ方（上）とやじろべえの安定性（下）

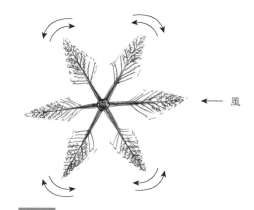

風

図 3.7　針葉樹の側枝の相互に力を消し合う動き

04 樹幹や大枝の形とはたらき

　釣り竿の先端を曲げてみるととても簡単に曲がるが，元部付近はほとんど曲がらない。このように幹や枝は基本的に先が細く元部が太くなっており釣り竿のようである（**図3.8**）。先端と元部が同じ太さの幹がもしあったとすれば，曲がり方は**図3.9**のようになり，"てこの原理"で根元にもっとも大きな曲げ応力（**図3.10左**）が発生し，折れてしまうであろう。樹幹や枝の基本形が根元に近くなるほど太くなる円錐形であるのは，曲げ応力を均等化させるのに役立っている（**図3.10中**）。さらに，根元は湾曲しながら拡大するナイロイド形を示しているが，この形は根元にかかる曲げ応力をかぎりなく小さくすることに役立っている（**図3.10右**，**図3.11**）。

　幹や枝の先端はわずかな風でもすぐに揺れるが，揺れの周期は短く，いわゆる"風の息"とは同調しにくく，揺れてもすぐに収まってしまう。このことは元部と先端の太さの差が大きければ大

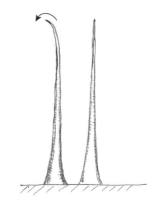

| 図3.8 | 釣り竿の先端のような幹の曲がり方 |

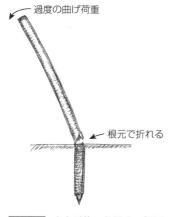

| 図3.9 | 太さが均一な場合の根元での破壊 |

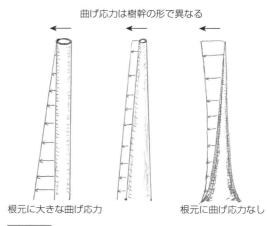

曲げ応力は樹幹の形で異なる

根元に大きな曲げ応力　　　　　根元に曲げ応力なし

| 図3.10 | 風の力による，樹幹にはたらく"てこの原理" |

ナイロイド

円錐台

図 3.11 根元のナイロイド形

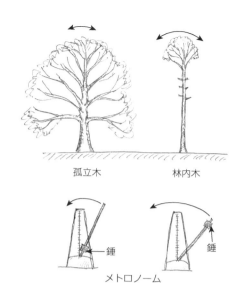

孤立木　　　　　　林内木

錘　　　　　　　　　錘

メトロノーム

図 3.12 孤立木と林内木の揺れ方

きいほど顕著になる。

　樹木の幹の肥大成長は枝から送られてくる光合成産物を使って行われ，その枝を支えている部分でもっとも旺盛である。たとえば，林内木は下枝が枯れているために樹冠の位置が高く，現在盛んに肥大成長している部分は樹冠を支えている上部であり，元部の肥大成長は小さい。その結果，根元と先端付近の太さの差は小さくなる。林業的には元口と末口の差が小さく節のないほうがよいので，林業では樹木の成長に応じた一定の密度を維持しようとする。孤立木は低い枝も枯れずに盛んに光合成を行っているので，幹下部も旺盛な肥大成長を行い，根元と先端付近の太さの差が大きい。ゆえに孤立木は上端が激しく揺れるが，幹下部は

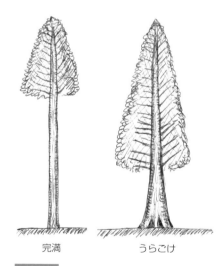

完満　　　　　　うらごけ

図 3.13 完満とうらごけ

ほとんど揺れないのに対し，林内木は幹全体が最初は小さく，しかし徐々に大きくゆっくりと揺れて "風の息" に同調しやすくなる。

さらに，林内木は樹冠の位置が高いので重心も高くなっているのに対し，孤立木は重心が低い。メトロノームの錘を上げるとゆっくりと大きく揺れるが，下げると速くなる。これと同じことが樹木にもあてはまり，下枝が上がり重心の高い林内木ほどゆっくりと大きく揺れ，孤立木ほど速く小さく揺れる（**図3.12**）。林内木は周囲に樹木があって風を互いに遮り合っているので，このような状態でも立っていられるが，もし周囲が伐採されて孤立状態になると簡単に倒伏してしまう可能性が高い。孤立木は幹全体に大きな節があり，樹形も"うらごけ"（**図3.13**）という状態になるので，林業的には嫌われるが，樹木の健全性という観点からはきわめて健康で長命な木が多い。逆に林内木に長命な木は少ない。

樹木の豆知識3

💡 風の息

風は一定の強さで吹いているのではなく，常に強弱があり，また風向もよく変化する。この気流の変化を風の息と呼んでいる。変動の周期は数秒から数十秒と比較的短い。風の息は地表の物体の有無や高さ，日射と日陰あるいは土壌か水面かなどの輻射熱の関係でたくさんの小さな気流の渦ができることによっている。空中の高い部分よりも地表近くのほうが気流の変化が大きい。

05 枝と叉の構造

樹木は無数の枝を幹や大枝から分岐させ，それらの先には葉がたくさんついて盛んに光合成を行い，さまざまな代謝産物を生産している。枝はその代謝産物を葉から幹や根に送るときの通り道であるとともに，根から吸収された養水分が葉まで送られるときの通り道である。さらに，光合成のための光を十分に受けられるように葉を高い位置に保つ役割も担っている。風が吹くと葉は風圧を受け，その力は小枝，枝，大枝，幹，根と伝わり，最後は土壌に吸収されるが，強風のときにはきわめて大きな力が枝にかかり，ときには枝折れが起きる。樹木はそのような事態が起きるのをなるべく避けるために，幹と枝，枝と小枝の連結部分，すなわち叉を特殊な形に発達させている。

叉の部分では，アメリカの故 Shigo 博士が示したモデル**図 3.14** のように，幹の組織と枝の組織は複雑に入り組んでいる。春になると最初に枝の材組織が前年の幹の組織の上に被さるように発達し，その後，幹の組織が枝の組織を覆う。ゆえに，枝の付け根では幹と枝の成長が重なっているので，他の部分より旺盛な成長を示す。特に叉の上部側は幹の組織と枝の組織が絡み合っており，もっとも旺盛な成長を示す部分である。

枝に形成された導管や仮導管，繊維細胞，軸方向柔細胞の並び方は枝の軸とほぼ平行であるが，枝の組織を幹の

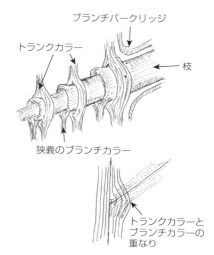

図 3.14　**Shigo による幹と枝の分岐部の組織構造モデル**

組織が覆っている部分では，幹の軸とほぼ平行になるように急に下方に向きを変え，前年に形成された幹の組織の上に重なって狭義のブランチカラーを形成する。その後，幹の形成層が分裂を開始してその上に覆い被さるように成長し，トランクカラーを形成する。ブランチカラーの組織は枝の下で幹の組織につながっている。なお，**図 3.14** ではトランクカラーと狭義のブランチカラーとの間が離れているように描かれているが，これは理解しやすくするためであり，実際は密着している。この狭義のブランチカラーとトランクカラーが重なることによって，枝のカラーの部分は幹の他の部分よりも肥大成長が旺盛になる。

側枝よりも主軸のほうに活力がある場合，叉の分岐角度は，上方の梢付近では針葉樹と広葉樹の間に大きな差はなく，おおむね 45 〜 60 度であるが，スギ，ヒノキ，モミなどの針葉樹は枝がやわらかいので，その後の枝先端の伸長成長により "てこの原理" が働いて少しずつ先端が下がって角度が開き，幹の中部から下部にかけては大部分がほぼ水平になり，90 度以上に開いている枝もある（**図 3.15**）。下枝が下がるのは上の枝の被圧も関係している。針葉樹の枝で長期間上方を向いて成長する枝は，自分が新たな幹になろうとしている活力ある枝である。

広葉樹の場合は針葉樹より枝が硬いので，斜め上を向く角度は長期間維持さ

れるが，他の枝が上から被さって十分に光を得られない下枝では，光を求めて横へ横へと伸び，ドイツの Mattheck 博士のいう"ライオンの尻尾"のようになる。またこの枝は自重とてこの原理で先端が次第に下がり，分岐角度が90度以上になることもある（**図3.16**）。

主軸の活力が低下して頂芽優勢が崩れているときは，胴吹き枝が多数発生するが，これらの胴吹き枝のうち，発生部位が上部にある枝は主軸との角度を狭くして上方を向いていることが多い（**図3.17**）。また既存の枝も，分岐部から少し離れたところから体を曲げて上方を向いて成長する（**図3.18**）。胴吹き枝の狭い分岐角度は主軸と枝の双方の成長によってすぐに入り皮を形成してしまうが，分岐角度がおおむね25度より大きければ，叉の上面に相互に引張り合う組織が発達し，きわめて丈夫な叉となる。25度の分岐角度が入り皮となるか否かの目安とされるのは，Mattheck 博士らの詳細な研究によっている。入り皮になった叉は側面のみがついているが，叉の上面は発達できず，きわめて引き裂かれやすい。

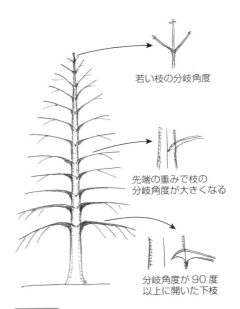

若い枝の分岐角度

先端の重みで枝の分岐角度が大きくなる

分岐角度が90度以上に開いた下枝

図 3.15 **針葉樹の枝の分岐角度の変化**

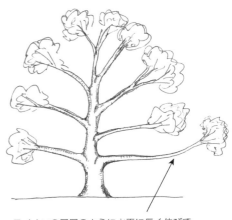

ライオンの尻尾のように水平に長く伸びて先端に小さい枝葉の塊をつける

図 3.16 **広葉樹の下枝：ライオンの尻尾**

多くの胴吹き枝が上方を向く

図 3.17 胴吹き枝の分岐角度

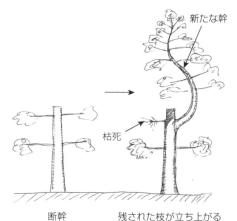

新たな幹

枯死

断幹　　　残された枝が立ち上がる

図 3.18 頂芽優勢が崩れたときの既存の枝の上方への屈曲

06 叉の入り皮

　分岐角度が 25 度より狭い幹と枝，あるいは双幹木ではしばしば叉の部分に樹皮が挟まる "入り皮" 状態になっている（**写真 3.2，3.3**）。入り皮になると形成層は圧迫されて死ぬが，圧迫し合っている部分に抗菌性物質が蓄積されて腐朽菌などの侵入を防ぐ。そして材が連絡し合っている脇の部分が**図 3.19** のように張り出すような成長をする。しかし，挟まった樹皮は "くさび" のような形をしており，強風などで大きな荷重がかかると，わずかにつながっている両脇の材から裂け，幹の半分近くまでが引き裂かれてしまう（**図 3.20**（**写真 3.4**））。さらに，入り皮部分は引き裂かれる前から微小な亀裂が入っていることがあり，腐朽の侵入門戸ともなりやすい。入り皮が樹木にとって積極的な意味をもっているか否かの判断は難しいが，何億年という樹木の歴史のなかで入り皮という形態が残っているのは，強風のときに入り皮の大枝が裂け落ちることによって幹本体の倒伏を防ぐという生存戦略的な個体保存の意味があるのかもしれない。

写真 3.2　入り皮の叉で飛び出た側部

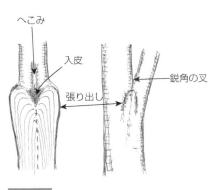

図 3.19　入り皮の叉の両脇の張り出し

写真 3.3　入り皮の叉の断面

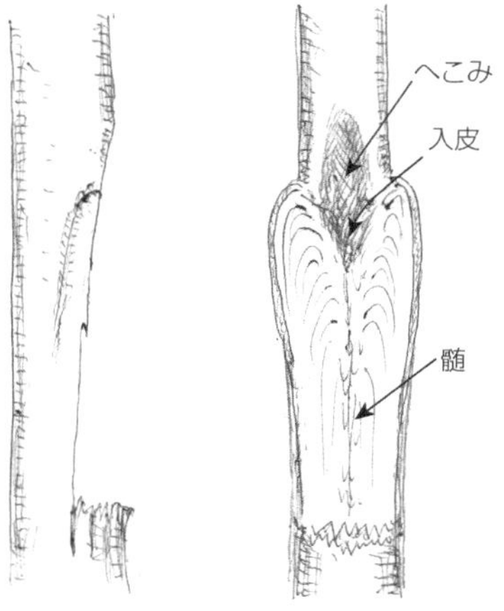

図 3.20 **入り皮の叉で起きやすい枝の折損**

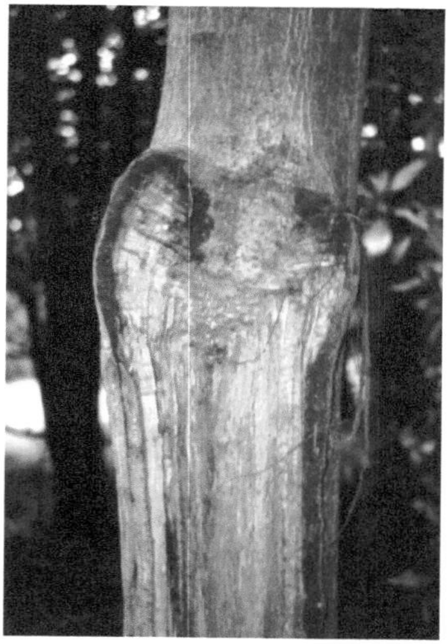

写真 3.4 **冠雪の重みで叉が入り皮の枝が折れた状態**

07 内側に湾曲する部分の横しわ

枝の付け根の下側や幹の根元の張り出しのように内側に湾曲した部分では，しばしば凹凸の著しい蛇腹のような横方向の皺（しわ）が見られる（**図 3.21**（**写真 3.5**））。この皺はケヤキやエノキのような樹皮の薄い樹種では明瞭に見られるが，クヌギのような樹皮の厚い樹種では不明瞭である。しかし，樹皮の厚い樹種でもよく見れば形成されているのがわかる。これが形成される原因として2つのことが考えられる。ひとつは**図 3.22** のように湾曲部 A–B 間が成長して A'–B' 間となると距離がかえって短くなり，形成層によってつくられる材が折りたたまれるように盛り上がってしまうというものである。もうひとつは，大枝が自分の重さで少しずつ下がって（てこの原理）下部を圧迫したり，幹の根元が自分の重さや風荷重によって湾曲部が圧迫されたりして蛇腹のようになるというものである。この蛇腹のような皺は大枝の直下や幹から根への移行部のように，幹のなかではもっとも大きな応力が生じている部分に見られる。年輪を接線方向に引き裂くような張力（**図 3.23**）や，年輪を剥がすような放射方向への張力，軸方向に引き裂く張力に対して，ベルトを締めるような効果を表

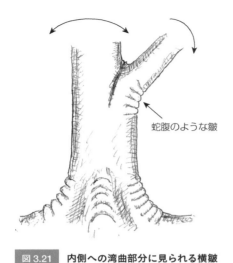

図3.21 内側への湾曲部分に見られる横皺

蛇腹のような皺

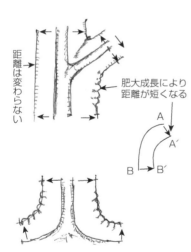

写真3.5 ゾウの足のように横皺が発達したエノキの根元

距離は変わらない

肥大成長により距離が短くなる

A
A′
B
B′

肥大成長によりかえって距離が短くなる

図3.22 内側への湾曲部分の肥大成長

接線方向に引き裂く力

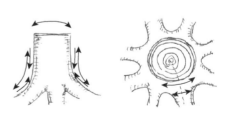

横方向への引張り

図3.23 接線方向に引き裂く力によって生じる亀裂

すものと考えられるが，実際のところはまだ形態的な意味がよくわかっていない。

08 根張りの形

　樹木の根は養水分を吸収するためと枝幹を支えるために存在する。乾燥した場所に生える樹木は広く深く根を張り，湿潤な場所では浅く狭い。また，土壌が固結した場所では根系が地表を這って遠くまで伸びるが，深く潜れないので全体にきわめて浅い。ドイツでは
ヨーロッパナラの根が根元から
40 m 離れた煉瓦ブロックの塀を
壊した例（**図 3.24**）があると
Mattheck 博士は述べているが，
土壌がきわめて硬い場所での例で
ある。もしこの木が反対方向にも
同じくらい根を伸ばしていたとす

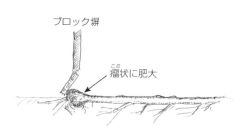

ブロック塀

瘤状に肥大

| 図 3.24 | **地表を長く這って塀を壊す根** |

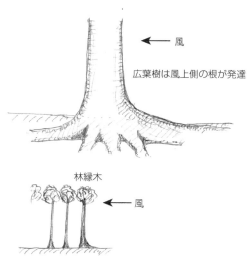

風

広葉樹は風上側の根が発達

林縁木

風

| 図 3.25 | **一方向からの風が卓越する場所に立つ樹木の根元の張り出し** |

| 写真 3.6 | **張り出しが左右で異なっている，幹がいくらか斜上している木の根元** |

れば，根張り範囲の直径は 80 m 以上となるが，煉瓦ブロックを壊すほどの成長圧力を考えると，もし障害がなければさらに片側だけで数 m 以上伸びていた可能性があったであろう。

　樹木の根元の形は根張りと密接に関係している。ムクノキは板根が発達しやすい樹種であるが，板根がどの方向に大きく張っているかは主風方向や傾斜と関係している。樹冠形状が均斉な木の根元が**図 3.25**（**写真 3.6**）のような形状のときは，この木に対して矢印方向からの風が卓越していることを示している。また，直立していて根元形状が整ったナイロイド形をしているときは，卓越する特定の風がなく，樹冠も大きな偏りがないことを示している。

CHAPTER

4　材と年輪

01　年　輪

　樹木は肥大成長をするが，季節の区別のない熱帯雨林の樹木には肥大成長の停滞時期がないので，年輪は認められない。しかし，同じ熱帯でも乾期と雨季の明瞭に分かれている季節風林（モンスーン林）やサバンナでは，年輪が形成される。年輪がもっとも明瞭に認められるのは温帯林や亜寒帯林の樹木である。年輪は同じ年につくられたものでも場所によってかなり幅が異なるが，局部的な年輪の幅は力学的な力の流れを表し，幅の広いところほど大きな応力が発生していることを表している。また，ある年のある高さでの，その年につくられた年輪の面積（その年の年輪幅の平均×その年の年輪周の長さに近似）はその高さでの栄養状態を表している。野原の孤立木のように低い位置の下枝も残され，全体の総光合成量がきわめて多い個体は幹下部の年輪の面積が大きく，林内木のように下枝が枯れ上がって総光合成量の少ない個体では幹下部の年輪面積が小さい。さらに，温暖で雨が多いなど気象条件が温和で光合成が盛んに行われた年は年輪面積が大きく，寒冷，旱魃など気象条件が厳しく光合成が十分に行われなかった年は面積が小さい。年輪1年分のなかにも色の薄くやわらかい部分と濃く硬い部分があるが，春から初夏にかけてつくられる色の薄くやわらかいところは導管や仮導管の細胞壁が薄く通水機能を高めている。これを早材という。一方，夏から秋にかけてつくられる色が濃く硬い部分は水をあまり通さないが，細胞壁が厚くなっており，力学的な強度を高めている。これを晩材という（**図4.1**）。早材と晩材の幅の比率はその年の気象条件を表している。

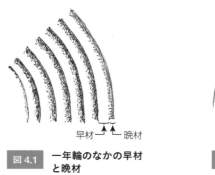

図 4.1 　一年輪のなかの早材と晩材

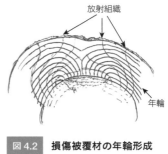

図 4.2 　損傷被覆材の年輪形成

早材の幅が広く晩材の幅が狭い年は，春から夏にかけて温暖で湿潤な状態が長く続いたことを表し，早材の幅が狭く晩材の幅が広い年は，春の温暖湿潤な時期が短く，初夏から秋まで冷温あるいは乾燥などの気象条件が長く続いたことを示している。

　幹の断面を見て年輪を数えると，方向によって年数が異なっていることがある。成長途中に樹皮に傷が生じて局部的に年輪形成ができないために年輪数が異なることもあるが，この場合は**図 4.2** のような年輪成長をしているので，傷が生じた部分を損傷被覆材が塞いだことがわかる。そのような傷とは無関係に年数が異なっている場合は偽年輪が生じているためである。偽年輪は，ある年の成長期の途中に何らかの原因，たとえば食葉性昆虫の著しい食害，短期的な高温あるいは低温，乾燥などにより年輪成長が停滞し，その後再び成長するという状況があったときに生じる（**図 4.3**）。本当の年輪か偽年輪かの区別が困難なことも稀にあるが，ほとんどの場合，①偽年輪は晩材のように見える色の濃い部分の線が細くて薄い，②1周してつながっていることは少なく，多くは途中で消えている，③偽年輪とそのすぐ外側の本当の年輪と

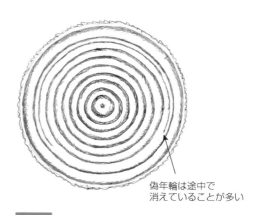

偽年輪は途中で消えていることが多い

図 4.3 　偽年輪

の間隔が狭いなどの特徴がある。もし髄からはじめて放射方向に何方向か年輪を数え、異なった数字が出た場合は偽年輪を探すとよい。ゆえに、年輪数を決定する場合は一方向のみで決めてはならない。

また、幹形が入り組んでいたり、極端な偏心成長をしている場合、局部的に年輪が形成されないことがある（**図4.4**）。このようなときも注意を要する。

樹木の豆知識4

💡 樹木の成長

樹木は上方にも横方向にも年々成長するが、その成長は頂端の成長点（茎頂分裂組織と根端分裂組織）および形成層による絶え間ない細胞分裂の"積み上げ"で行われている。つまり、前年の組織の上に新たな組織が被さり、古い組織は数年から数十年生き続けてから死んでいく。材では"生きた"組織である辺材部分の寿命は樹種によって異なり、多くの樹種は十数年以内で、内側から順次1年輪ごとに心材化していくが、ある種のカエデ類のように辺材が100年近く生き続ける樹種もある。幹から発生する枝もほとんどは数年以内に枯れ、長期間生き続けるのは比率としてはごくわずかである。上方への成長もほぼ無限に行われるが、強風や冠雪による折れ、落雷による枯死、病害虫による衰退枯死などがあって無限に高くなることはなく、樹種や立地する土壌条件、気象条件によって最高樹高がおおむね決まっている。樹木は理論的には無限に生きる可能性があるが、現在わかっている最長命の木の個体はスウェーデンのダーラナで発見されたノルウェースプルース（ドイツトウヒ）の9,550年（根株の部分を^{14}Cにより年代測定した結果）とされている。しかし、これは体細胞が分裂を9,550年間続けてきた、という意味であり、9,550年前の細胞が現在も生きている、ということではない。人間の神経細胞は100年以上生きる可能性があるので、細胞の寿命という観点からは大部分の樹木は人間よりも短いことになる。なお、アメリカのユタ州、フィッシュレイク国有林内の43 haに及ぶ「パンド」という名を与えられているポプラの大群生は約8万年前に根を伸ばしはじめ、現在まで根萌芽で個体を増やしてきていると考えられているので、体細胞が分裂を続けたという意味では最長寿かもしれない。しかし、そのようなことであれば、竹類など栄養繁殖で今日まで生き続けてきた生物はそれに劣らず長命ということになろう。

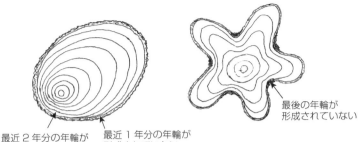

最近 2 年分の年輪が
形成されていない

最近 1 年分の年輪が
形成されていない

最後の年輪が
形成されていない

図 4.4 偏った年輪や入り組んだ年輪の部分的成長停滞

02 年輪内の導管配列

1 環孔材の導管配列

ケヤキ，コナラ，ニセアカシア，トネリコなどの幹断面の年輪をルーペで見ると，一年輪分の早材部分に大きな導管が 1 〜 3 列に環状に並んでいるのがわかる（**図 4.5**（**写真 4.1**）。このような材を環孔材という。環孔材の大きな導管の直径は 0.1 mm 程度以上にもなるので，もっとも新しい年輪の導管にも冬の休眠期に気泡が入り，通導機能が止まってしまう。そこで環孔材樹種は春の萌芽前に年輪成長を開始して，その年の通導を確保するための大きな導管をつくる。ゆえに，環孔材樹種は基本的に 1 年分の年輪しか水分通導に使っていない。普通，材質は年輪が緻密なほうがよいとされるが，環

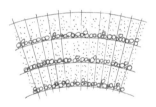

図 4.5 環孔材の年輪内の導管配列

写真 4.1 環孔材の断面

孔材樹種では成長旺盛な個体のほうが材質はよいことが多いとされている。それは図4.6のように，環孔材樹種では大きな導管が並んだ密度の低い早材部分の幅は成長の良し悪しにかかわらずあまり変化せず，成長のよい個体ほどその後に形成される緻密な晩材の幅が広くなるからである。環孔材樹種は列をなす導管によって年輪界を明確に区別できる。

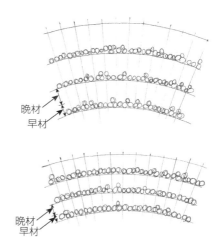

図4.6　成長の速い環孔材と成長の遅い環孔材の晩材率の差

②　散孔材の導管配列

サクラ類，トチノキ，ブナ，カンバ類など多くの広葉樹は，導管が1年輪内に散在する散孔材である（図4.7）。散孔材は導管の直径が小さく冬の休眠期にも前年の導管内に気泡が入らないので，数年分の年輪で水分通導を行っているが，年数が経つとその導管も樹脂の滲出などにより閉塞する。年輪と年輪の境界，すなわち年輪界は明瞭ではないことがあり，樹種によっては年輪を数えるのが困難なものもある。

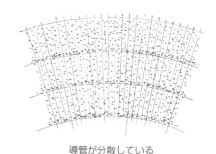

導管が分散している

図4.7　散孔材の年輪内の導管配列

③　放射孔材の導管配列

シラカシ，アカガシ，アラカシなどのカシ類やシイ類，マテバシイなどの断面を見ると，導管が放射方向に並んでいるのがわかる（図4.8）。これを放射孔材という。ナラ類では常緑性のウバメガシ

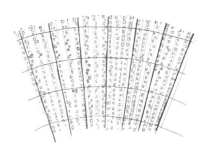

図4.8　放射孔材の年輪内の導管配列

が放射孔材である。放射孔材は数年分の年輪で通水を行っているが，チロース（後述）のよく発達する樹種では2年目に，比較的大きな導管にチロース現象が起きて水分通導機能がなくなるが，小さな導管では水分通導が維持される。

④ その他の材の導管配列

放射孔材と環孔材の中間的な放射環孔材（ミズナラなど（**図4.9**）），半環孔材（オニグルミなど（**図4.10**）），紋様孔材（トベラ，ヒイラギ，クロウメモドキなど（**図4.11**）），無導管材（無孔材ともいう。ヤマグルマなど（**図4.12**））などがある。無導管材は仮導管のみで構成される針葉樹材と区別するのがやや困難である。

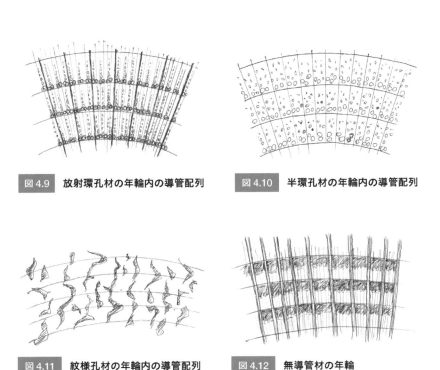

図4.9 **放射環孔材の年輪内の導管配列**

図4.10 **半環孔材の年輪内の導管配列**

図4.11 **紋様孔材の年輪内の導管配列**

図4.12 **無導管材の年輪**

⑤ チロース現象とウイスキーの樽

広葉樹の導管では水分通導が止まり導管内に空気が入ったときに、導管に接する位置にある柔細胞の細胞物質が壁孔を通して細胞膜ごと導管内に風船のように膨れ出して導管をつまらせる現象（**図4.13**）が起きる。これをチロースといい、柔細胞内の膨圧によって生じる。チロースは材質腐朽菌の軸方向での拡大を阻止するはたらきがある。チロースは多くの樹種で観察されているが、環孔材樹種ではよく発達する傾向がある。

ウイスキーやワインの樽は欧州産のヨーロッパナラ（コモンオーク）や北米産のホワイトオークの材が使われ、北海道産のミズナラもウイスキーの樽材として盛んに使われた時代がある。ナラ類は環孔材樹種で導管の径が大きいが、チロースが発達するために大きな導管であっても水を通さなくなり、樽材としての利用が可能となる。しかし、ナラ類ならばすべて樽材になるわけではない。材中に含まれる成分が酒樽に適していない樹種やチロース現象が十分に起きない樹種は樽材にならない。北米原産の紅葉が美しいアカナラ（レッドオーク）はチロース現象がほとんど起きないので水が漏れてしまい、樽材としては使えないといわれている。ケヤキは吸物用の椀の材によく使われるが、それはケヤキ材がナラ類よりも明瞭な環孔材でチロースがよく発達するからである。しかし、チロースが発達する材は導管内に水分が閉じ込められてしまうので、十分に乾燥させるのに時間がかかり、不十分な乾燥のまま加工すると後で大きな狂いが生じてしまう危険性がある。

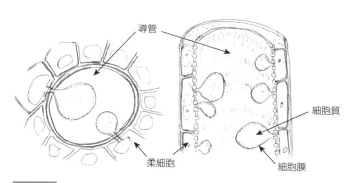

図4.13 **チロース現象**

5 | 樹木の生態

01 森林帯区分

　気候区分と森林帯区分にはさまざまな考え方があり，古くは赤道を挟んで南北の回帰線（緯度 23 度 26 分）以内を熱帯，南北回帰線の外側から極圏（緯度 66 度 34 分）までを温帯，極圏より南北の極地までを寒帯とする考え方があった。一部の国や研究者は今でもこの考え方を採用している。しかし，実際の気候や森林の相観的林相はこのような機械的区分には従わず，基本的には気温の高低，降水量の多寡（乾湿），地形的な標高や傾斜方向によって異なってくる。その気候の差異を類型化して分布の違いを区分したものが気候帯であり，その気候帯に成立する自然の極相的森林を類型化して区分したのが森林帯区分である。多様な考え方があるが，現在はおおむね次のように区分されている。

1 湿潤な地域での水平的区分

熱帯雨林　　現在の考え方では，年平均気温が 25℃ 以上の地域（暖かさの指数 240℃ 以上）を熱帯とするのが一般的である。熱帯のうち，通年乾期がほとんどなく，降水量の多い熱帯地方を湿潤熱帯というが，そこに成立する森林を熱帯雨林という。熱帯雨林は基本的に大喬木の常緑広葉樹が主体となって成り立つが，1 枚の葉の寿命は比較的短く，半年ももたないことが多い。よって年中落葉し，年中新葉を展開しているので，全体的には常緑状態が維持される。日本には分布しない。

亜熱帯雨林　平均気温が 20℃ 以上 25℃ 未満で，植物にとって生理的な冬である最低気温が 5℃ 以下となる日が基本的にない地域を亜熱帯という。南北の回帰線にほぼ沿っているが，回帰線よりかなり赤道に近い地域も含まれることがある。暖かさの指数は 180℃ 以上，240℃ 未満である。通年降水量が多く明瞭な乾季がない地域では亜熱帯雨林を形成し，基本的には高木性の常緑広葉樹で構成される。日本では琉球列島や小笠原諸島に見られる。

暖温帯林　おおむね年平均気温が 10℃ 以上 20℃ 未満で，最寒月の平均気温が零下にならず，暖かさの指数 85℃ 以上，180℃ 未満，寒さの指数 −10℃ 以上の地域である。高木性常緑広葉樹が優占し，これらの樹種の葉は 1 年（新葉が出てから落葉する）から数年の寿命があり，表面のクチクラ層が滑らかで日光に照らすときらきらと光る葉をもつ樹種が多いので照葉樹といい，照葉樹主体で構成される常緑広葉樹林を照葉樹林という。温度的には幅が広く，日本の場合，暖温帯北部はカシ林が優占し，南部はシイ林が優占する。

中間温帯林　暖温帯落葉広葉樹林ともいう。暖かさから考えると常緑広葉樹林が成立してもおかしくない地域であるが，冬の寒さが厳しいために常緑広葉樹林が成立せず，また次の冷温帯林で優占する樹種も欠けている地域に成立する自然林を中間温帯林という。マツ類，コナラ，シデ類，モミなどが優占するとされている。暖かさの指数が 85℃ 以上で，寒さの指数が −10℃ 以下の地域にほぼ相当する。成帯的ではなく，ところどころに切れ切れの状態で分布する。カシ林とブナ林が接する場所はこの帯が欠けていることになる。

冷温帯林　夏緑林ともいう。常緑広葉樹林が成立せず，ブナやミズナラが優占する落葉広葉樹林である。暖かさの指数が 45℃ あるいは 50℃ 以上 85℃ 未満に相当する地域である。北海道の黒松内低地以北（以東）はブナ林が分布せず，ミズナラやシナノキにトドマツやエゾマツを交える針広混交林が広がっているので，落葉広葉樹林から針葉樹林への移行帯とみなす考え方もある。一方では，本来はブナが優占する落葉広葉樹林が分布する温度条件であるが，氷期にブナが北海道から姿を消し，その後間氷期になってブナが北海道に再上陸し，徐々に北上し，現在黒松内低地まで分布を広げてきている，という考え方もある。黒松内低地以北あるいは以東の落葉樹林に混じるトドマツなどの針葉樹は氷期の遺存種とする考え方もある。

亜寒帯林　ユーラシア大陸北部や北米北部に広く分布する。マツ類，モミ類，トウヒ類が優占する常緑針葉樹林である。日本ではエゾマツ，トドマツ，アカ

エゾマツが優占するが，面積的にはごくわずかである。暖かさの指数が15℃以上45℃未満の地域に相当する。

寒帯　暖かさの指数15℃未満の地域である。基本的には森林は成立せずコケモモなどの匍匐植物か湿地となっていることが多い。しかし，ときにはハイマツなどのマツ類，ヤナギ類やカンバ類の低灌木が地表を這うように丈の低い疎林を形成することもある。

② 熱帯および亜熱帯地方における乾湿による区分

熱帯雨林　年間を通して湿潤で乾季のほとんどない地域に分布する。多種多様の広葉樹で構成され，通年常緑の樹種や落葉期をもつ樹種もあるが，落葉期が不揃いなので，全体的には常緑状態が継続する。

熱帯季節風林（モンスーン林）　熱帯や亜熱帯で年間に乾季と雨季が分かれている地域には，雨季に葉をつけ，乾期に落葉する高木性樹種が多くなる季節風林（モンスーン林）が見られる。有名なチークやサラソウジュはその代表的な樹種である。

半乾燥林（サバナ林）　年降水量がおおむね200 mm以上600 mm以下で乾季と雨季が明瞭に分かれている地域では，アフリカの場合アカシア類主体の有刺の疎林とイネ科主体の草原が発達する。地下水位の高低で樹木の密度が大きく変わり，地下水位高低で樹木と樹木の間隔が決まり，台地などでは樹木の間隔がかなり広くなる。現在，沙漠化が問題となっている地域である。ブラジルの高台にはカンポという刺の多い灌木と丈の高い草本が混じった草原が広がっている。サバナはサバンナともいう。

沙漠　年降水量200 mm以下の地域で，基本的に樹木は生育できず沙漠となる。ただし，年降水量200 mmに近いところでは有刺の小灌木がところどころに生育する。日本語では普通，砂漠と書くが，土漠，礫漠（岩石沙漠），狭義の砂漠（砂沙漠）など形態的にいくつかあるので，沙漠あるいは荒漠と記したほうがよい。

③ 冷温帯および亜寒帯地方以北における乾湿による区分

落葉広葉樹林，常緑針葉樹林　冬季寒冷で年間を通じてほぼ湿潤な地域では，

落葉広葉樹林あるいは常緑針葉樹林，あるいは針広混交林が発達する。

落葉針葉樹林　冬季の厳しい寒冷乾燥と夏季の少雨により常緑針葉樹が育たず，落葉針葉樹であるカラマツ林が成立する地域である。日本には中部地方の山岳地帯の一部に天然カラマツが生育するが，カラマツ林といえるような天然林はごく少ない。シベリア東部は冬季−60℃にもなる極寒冷地であるが，そこにはダフリアカラマツ林が発達する。ダフリアカラマツはモンゴル北部や中国北東部にも分布する。その亜種であるグイマツは北海道本島には分布しないが，千島列島と樺太には天然分布がある。カラマツは全国各地の寒冷地で植林されているが，北海道では特に多く植林されており，またグイマツも植林されている。

ステップ　冷涼な乾燥地域で発達する草原を意味する。イネ科草本が主体の草原にところどころ有刺の低木を交える。ステップという語は，本来は中央アジアの内陸諸国，ロシアの南部，中国西部の高標高地帯，欧州東部に広がる冷温帯や亜寒帯の大草原をさしたが，北アメリカのプレーリー，南アメリカのパンパなどもステップに含まれる。

温帯沙漠　中国西部を含む中央アジアの諸国や北米の内陸部，南米の南部に分布する。基本的に植生は稀で，砂沙漠，岩石沙漠，土漠などとなっている。

④ 日本における垂直的森林帯区分

海岸林　クロマツ林となっているところが多いが，海岸クロマツ林の大部分は人為的に造成されたものであり，ところどころ天然の海岸林が残されているが，多くの場合，アカマツ林（三陸海岸に多い）あるいはタブノキ，シロダモなどの常緑広葉樹とエノキなどの落葉広葉樹が混じっている。

平地林　標高の低い平坦な地域には平地林が発達する。湿潤な場所にはハンノキ，ヤチダモ，ヤナギ類などが主体の湿地林が発達する。やや乾いた場所にはシイ類やカシ類の照葉樹林やクロマツ，アカマツ，スギ，ヒノキ，サワラの針葉樹人工林，コナラやシデ類の落葉広葉樹林，それらの混交林が発達する。モミやツガを交えることも多い。

低山林　近年は里山ということが多い。スギやヒノキの針葉樹人工林，あるいはコナラやシデ類などの落葉広葉樹林となっているところが多い。天然林はほとんど残されていないが，植生遷移の極相は関東地方より南西部ではシイ類

やカシ類あるいはコナラ，東北地方や北海道ではミズナラ・コナラやブナの落葉広葉樹林となっていることが多い。

山地林　　山岳林ともいう。標高の高い傾斜面に成立する森林で，冷温帯林に相当する。日本ではブナやミズナラなどの落葉広葉樹林が優占する。高緯度地方では低山でも見られる。

亜高山林　　水平的分布の亜寒帯林に相当する。本州では常緑針葉樹のアカマツ，シラビソ，オオシラビソ（アオモリトドマツ），ウラジロモミなどが優占し，北海道ではエゾマツ，アカエゾマツ，トドマツが優占する針葉樹林となっている。

高山　　水平的分布の寒帯に相当する。森林帯の上には尾根筋や頂上付近にハイマツの低木林が広がる。富士山ではカラマツ低木林が広がる。

⑤ その他の局部的に見られる森林

マングローブ（紅樹林）　　熱帯や亜熱帯の河川の河口の汽水域に多く分布する湿地林である。耐塩性の高い樹種で構成され，ヒルギ科，シクンシ科，クマツヅラ科，センダン科などの樹木が主なものである。日本では琉球列島などの亜熱帯の河川河口や湾の内部の波静かで干満の差の大きい海岸線によく発達している。樹高 30 m にも達する喬木もあるが，数 m にしかならない灌木もある。紅樹林の名は赤い染料（タンニン）を多く含んだ樹皮をもつことに由来するといわれている。

河畔林　　河川の両岸の，ときに洪水や土石流の影響を受ける場所に発達する。日本ではドロノキなどのポプラ類，ヤナギ類，ケヤキ，ハンノキ，ヤチダモ，オニグルミ，サワグルミなどで構成される。多くは陽樹である。

雲霧林　　雲霧林は世界の至るところに見られる。降水量はあまり多くないものの空中の水滴を葉が捕捉して根元に滴らせることによって森林が成立する。山地帯の頂上付近や中腹に分布する，水蒸気を含んだ気流が山地にぶつかり上昇気流となって雲（霧）が発生し，それを枝葉が捕捉し，根元に滴らせ，観測される降水量以上の水分を土壌に供給する。太平洋側の丘陵地や山地で樹高 50 m 以上のきわめて丈の高いスギ林が成立することがあるが，これは太平洋からの湿った気流が山地にぶつかって雲が生じ，それをスギの針葉捕捉するためと考えられる。近年，樹木の若い茎葉が雨水や霧の水滴を直接吸収している可能性が示されている。

硬葉樹林　夏季に乾燥し，冬季に降水が多い地中海沿岸部やアメリカのカリフォルニア西岸地域，メキシコ，南アフリカ南西部，オーストラリアなどには，葉が小さく硬く表面のクチクラ層は発達しているが照葉樹と違って艶のない常緑の硬葉樹林が発達する。基本的に硬葉樹林は夏季乾燥に強い抵抗性を示す。一般的に背はあまり高くならず矮林が多いが，例外もあり，樹高100 m以上にも達するオーストラリアのユーカリ林も硬葉樹林の一種とされている。地中海地方の硬葉樹林をマッキーという。マッキーは石灰岩台地などに多く見られる。地中海沿岸は夏季に極度の乾燥状態が続くが，耐乾性の強いオリーブ，ゲッケイジュなどのほかに，コルクガシなどの常緑性コナラ亜属などが代表的な樹種である。地中海とその沿岸が夏季に乾燥するのは，サハラ沙漠の沙漠気候が夏に北上し，地中海とその沿岸全体を覆うと考えればよい。一方，サハラ沙漠の南にあるサヘル地域のサバンナ林は同時期に雨季となり，湿潤熱帯気候に覆われる。

02　樹木の天然生育地と生育適地

　クロマツの本来の天然分布は海岸の波が直接かぶることもある断崖などと考えられている（**図5.1**）。しかし，現在は沿岸地域を中心に全国各地に大規模に植栽されており，海岸砂丘の防風防砂林として，公園木として，社寺境内林構成木として，河畔堤防上や道路の並木として重要な位置を占めている。その成長状態を観察すると，境内林などでは樹高の高いものは40 m以上にもなり，本来の天然分布地の断崖よりもはるかによい成長を示している。これはクロマツの本来の自生地と生育適地は別であるということを示している。

　ハンノキは水辺に生える湿生樹木である（**図5.2**）が，ナラ

普通の樹木が生育できない場所に自生

← 潮風

海

図5.1　**断崖に自生する天然生クロマツ**

普通の樹木が生育できない場所に自生

図 5.2　湿地に生育するハンノキ

類やカシ類の適地であるやや乾いた土壌に植栽すると，水辺よりもよい成長を
示す。シラカンバの天然自生地は山岳地域の雪崩や落石が頻繁に発生して植生
が発達しないところであり，土壌が安定した場所ではない。しかし，植栽木は
土壌が安定した肥沃な場所でよい成長を示す。シラカンバの種子は赤色光に反
応して発芽するが，森林内では赤色光は林冠の葉に吸収されてしまうので，林
冠の隙間から入ってくる光，すなわち光斑のある部分でなければ赤色光は林床
にはわずかしか届かない。ゆえに明るい林床でもなかなか発芽ができないが，
光斑があってたまたま発芽した個体も土壌中に生息する苗立ち枯れ病菌の感染
あるいは光の不足で死んでしまう。しかし，シラカンバの大苗を明るい伐開地
に植栽すると立派に成長することができる。

　このように，生態的な位置と生育適地とは必ずしも一致しない。その理由は，
多くの樹種，特に陽樹としての特性をもつ樹種は，裸地などでは他の樹種より
もいち早く発芽し急速に成長するが，森林が発達するにつれて林内環境は暗く
なって種子は発芽・成長できなくなり，後継樹種が育たなくなるからである。
ゆえに陽樹は耐陰性の高い樹種との競争では最終的に負けてしまうので，競争
相手となる樹種のない，あるいは入ることのできない厳しい環境に生育地を変
えて適応したものと考えられる。

03 樹木の耐寒性

　冬の寒さに対して樹木はどのように耐えているのであろうか。細胞は細胞膜の内側が凍結すると死んでしまうが，耐寒性の強い植物であれば，細胞壁の水が凍っても細胞は死ぬことはない。寒冷地で樹木が越冬するためには柔細胞が凍結しないようにしなければならないが，そのためには気温が零下になっても細胞が凍らないように液胞中の糖濃度を高め，融点すなわち凝固点を下げる必要がある。凝固点を下げるには細胞内の水が真水ではなく高い濃度の溶液である必要があるが，樹木の利用できるもっとも有効な方法が糖を溶かすことである。秋，樹木の柔細胞中の澱粉濃度は年間で最高となるが，澱粉は水に溶けていないので凝固温度を下げることにはならず，そのままでは細胞膜内の水は簡単に凍ってしまう。そこで，樹木は厳しい冬を迎えるにあたって澱粉を可溶性の低分子の糖（ブドウ糖：グルコース，果糖：フルクトース，ショ糖：スクロース）に変える。さらに，細胞内の液胞中の水を減少させていっそう濃度を高くする。寒さが厳しくなって細胞間隙および細胞壁の水まで凍るようになると，細胞内と細胞壁の水蒸気圧に大きな差が生じ，水が凍っていない，すなわち水蒸気圧の高い細胞内から水が凍って水蒸気圧の低い細胞壁へ水蒸気が少しずつ移動する。そうすると細胞内の水はますます少なくなり，ますます濃度が高くなり，ますます凍りにくくなる。細胞壁および細胞間隙の水が完全に凍ると，積み上げた氷室のなかのように，外気の温度の影響を受けにくくなることも耐凍性を高めることに貢献している。

　樹木の細胞が凍って死に，枯損被害が出る現象は時期的に次の3つに分けられる。

・秋，樹木が耐凍性を高める前に厳しい寒さがきた場合，細胞は凍結して死んでしまう。これを早霜害という。

・真冬のもっとも耐凍性を高めている時期に，その樹木のもっている耐凍性の限度を超えた寒さがきて細胞が凍結死した場合を凍害という。

・春，樹木は成長を開始するが，その際，越冬のために高めていた細胞内の糖濃度を下げて細胞の活性を高める。そのとき厳しい寒さがくると，すでに耐凍性を解除しているので，樹木の細胞は簡単に凍って死んでしまう。これを晩霜害という。

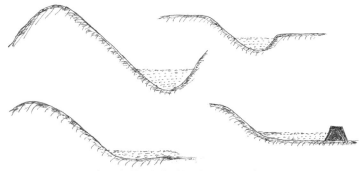

晴天・無風の夜間，放射冷却により冷気が窪地に滞留

図5.3 **霜溜りとなりやすい地形**

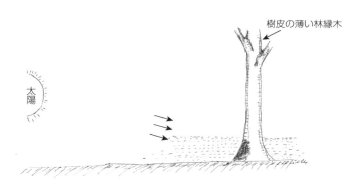

樹皮の薄い林縁木

太陽

図5.4 **朝日の当たる根元に見られる樹皮の壊死**

　この３つの害は個体の活力，大きさ，立地条件などによって発生状況が異なっ
てくる。関東地方北部の丘陵地帯の日当たりのよい南向き斜面の中腹には，と
ころどころミカンの栽培地がある。標高の低い低地ではなくやや高い中腹がミ
カン栽培地となっているのは，よく晴れた夜間に低地が放射冷却によって霜溜
りとなってきわめて低い温度になる（**図5.3**）のに対し，中腹は霜溜りにならず，
低地よりも最低気温が高いからである。チャノキの栽培地で背の高い送風機が
送風方向を斜め下に向けて林立しているのを見かけるが，これも放射冷却に
よって窪地が霜溜りになるのを避けるために，上の暖かい空気と下の冷たい空
気を混ぜているのである。冬によく晴れて雪が少ない地方にある平坦な植木の

圃場で，朝日の当たる東側の縁に立っている樹皮の薄い樹木の根元の樹皮が黒く壊死している（**図 5.4**）のに対し，少しなかに入った部分ではそのような被害の出ていないことが時折認められる。その理由は，冬期，連日朝日によって根元が温められ，そのために局部的に耐凍性が弱まって，霜の害を受けたものと推定される

04 針葉樹の耐凍性

　エゾマツやトドマツのような常緑針葉樹は大部分の高木性広葉樹より耐凍性が高い。その理由のひとつとして，針葉樹の仮導管は広葉樹の導管よりも細く，なかの水分が凍結しても気泡が入りにくいので，凍結解除後も水分通導が維持されるからだという説がある。また，常緑針葉樹の耐凍性には前述の糖による柔細胞内水分の凝固点の降下に加えて，葉や枝に樹脂細胞が含まれており，これが大きな役割を担っていると考えられる。特にエゾマツやトドマツの葉には樹脂を分泌する樹脂細胞が大量に存在しており，これが細胞凍結を防いでいるのではないかと考えられる。また葉を細くして，クチクラ層が被さり，細胞壁が厚くなっている表皮細胞の体積比率を大きくし，葉身内部の細胞壁の薄い柔細胞の比率を小さくして，葉全体の水分率を最初から少なくしていることも葉の耐凍性を高めるのに貢献していると考えられている。このような常緑針葉樹の耐凍能力を越える寒さと乾燥がくる地域では，カラマツ類のような落葉針葉樹が優占する森林となる。東シベリアの零下 60℃ にも達する厳しい寒さと乾燥を経験する永久凍土地帯には常緑針葉樹林は成立せず，落葉性のダフリアカラマツ林が発達する。

05 シカの食害とシロップ採取

① 冬期のシカの食害

　樹皮をシカが食害する現象は冬に多く発生するが，それは冬には草が枯れ，草食動物の餌がなくなることが大きな要因である。しかし，もうひとつ大きな

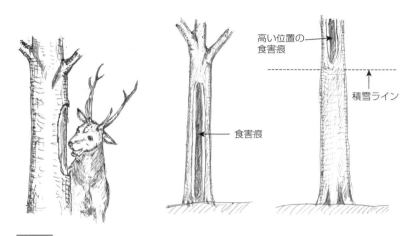

高い位置の
食害痕

積雪ライン

食害痕

図 5.5　樹皮を摂食するシカ

要因がある。それは樹皮がもっとも甘い時期だということである。樹木は冬期，耐凍性を高めるために柔細胞中の糖濃度を著しく高めており，さらに冬期は病害虫が少ないので樹木のほうも抗菌性物質の生産を少なくしている。このため，シカにとって甘い味がするので，樹皮を盛んに摂食する（**図 5.5**）のであろう。ニホンザルも冬期は樹皮を盛んに食べている。筆者もいろいろな時期に広葉樹の小枝を齧って味を確かめたことがあるが，甘みを感じるほどではなかったけれども冬がもっとも苦みが少なかった。なお，コルクの薄い樹種のほうがシカの食害が多い。

2　メープルシロップはなぜ採れるか

　カナダの国旗で有名なサトウカエデはその名のとおり甘い樹液が採取できる。そのほかアメリカハナノキなど数種類のカエデからも採取されている。日本でも北海道，東北地方，長野県，山梨県などの寒冷地でイタヤカエデやシラカンバからシロップが採取されている。あまり知られていないが，オニグルミやヤマブドウからも採取できる。これらの樹液はパラゴムノキやウルシから採取される樹液，すなわち乳液とはまったく別のものである。インドゴムノキ，パラゴムノキ，ウルシなどの樹液は，樹皮を傷つけて篩部と皮層との間にある乳管細胞から溢出する乳液を採取したものであるが，サトウカエデなどの樹液

は木部の導管を上昇してくる導管液である。この甘い導管液は早春の一時期にしか採取できない。

　寒冷地の樹木は春，樹体内に蓄積した糖を使って発芽し，急速に枝葉を成長させて光合成を盛んに行うようになるが，新たな枝葉が十分に光合成を行えるようになるまでの成長には蓄積した糖を使う。そして，新葉によってつくられた光合成産物もすぐに次の成長に使ってしまうので，晩春から初夏にかけては樹体に蓄積されている糖や澱粉の量はきわめて低い。暑い夏になると樹木は上長成長をほぼ止めるが，光合成は盛んに行っており，そのエネルギーで肥大成長を続けている。根系は真冬でも完全に休眠することはないが，根系成長は夏から秋にかけてもっとも盛んに行われる。夏の頃から樹体内に蓄積される糖や澱粉の量は次第に多くなる。秋になると地上部の見かけの成長は止まるが，根の成長は依然として盛んに行われている。秋には幹や根の柔細胞に蓄積される澱粉量は最高になる。冬になると，柔細胞に貯蔵された澱粉が可溶性の糖に変わり，細胞液胞の水分量も減らして糖濃度を極度に上げて細胞内凍結を防ぐ。初春，樹木は活動を開始しようとするが，そのためにはまず細胞内の水分量を高めて細胞内の糖濃度を下げなければならない。そのとき樹木の根は冬芽がまだ硬いうちから吸水を開始するが，このときの水分吸収は葉が展開していない状態なので蒸散力による水分上昇ではなく，水は下から押し上げるように根圧で上昇していく。根圧は浸透圧と考えられている。細根細胞の細胞膜内の高い糖濃度と少ない水分量は高い浸透圧を生み出し，それによって水が上昇する際に，根や幹の柔細胞に含まれていた糖を導管水に溶かしていく。もし幹の低い位置に，樹皮を貫通して最近2，3年以内に形成された年輪にまで達する穴を開けてチューブを差し込めば（**図5.6**），甘い樹液が採取できる。春，細胞内の糖は再び澱粉に変わり，葉が展開した後は蒸散力すなわち大気の吸引力によって水は導管内を上から引張られる

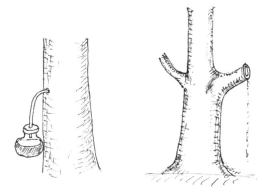

| 図5.6 | メープルシロップの採取（左）と低い枝の切断部から漏出するミズキの導管液（右） |

ように上昇していくので，導管内には負圧がかかっており，導管に穴を開けると水は引っ込んでしまう。導管液が甘いのも初春の一時期に限られるので，この樹液が採取できるのは，根圧によって押し上げるように水が上昇している初春の一時期に限られるのである。早春，ミズキの低い位置の枝を切断すると水が漏れ出てくるのも同じ理由である。

06 照葉樹と照葉樹林

1 照葉樹と硬葉樹

　ヒマラヤ東部山麓から中国雲南省，東南アジア北部の山岳地帯，中国沿岸南部，台湾の山岳地帯，日本の西半分へと続くやや温暖な地域は照葉樹林地帯である。照葉樹とは葉の表面に滑らかなクチクラ層が発達してきわめてつやややかな状態（**図 5.7 上**）となっている常緑広葉樹の総称であるが，日射に照らすと光るように反射することからこの名が付けられている。代表的な樹種はツバキ類，カシ類，シイ類である。照葉樹のような葉をもつ木は，比較的温暖である

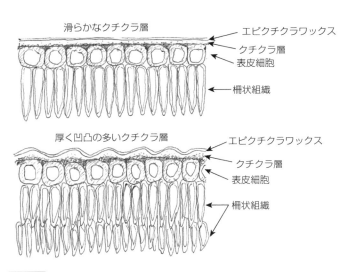

図 5.7　**照葉樹（上）と硬葉樹（下）の葉面のクチクラ層の模式図**

が降水量が多く，また冬期には雪の降ることもあるほど低温になる地域に分布しており，北アメリカ東部，オーストラリア南部，南アメリカ南部などにも存在する。葉の表面に発達した滑らかなクチクラ層が，葉内への雨水の侵入あるいは葉外へのカリウムなどの養分の溶脱を防いでいる。つまり濡れにくくしており，さらに雪が降り積もって，夜間，葉面で雪が凍結しても，葉面の氷と細胞層の間を遮断することによって葉内細胞が凍結するのを防いでいる。

　硬葉樹は地中海地方，アメリカ西海岸などに分布する常緑広葉樹で，特に夏期に強く乾燥する半乾燥地域に生育する。葉の表面のクチクラは厚く，滑らかではなく凹凸に富んでいる（**図5.7下**）ので，日射に照らしても鈍く乱反射するだけである。硬葉樹の葉は気温の高い時期の乾燥に対して高い抵抗性をもつようになっており，雨が降った場合は表面に水が少しでも留まるようにしている。硬葉樹の代表的な樹種はオリーブやゲッケイジュであるが，日本に導入されたオリーブやゲッケイジュは日本の気候に順化して，クチクラ層がかなり薄く滑らかになっている。

❷ 寒冷地での照葉樹林の成立

　日本における常緑広葉樹，すなわち照葉樹の天然分布は樹種によってかなり異なるが，ヤブツバキは青森県の陸奥湾に突き出た夏泊半島が北限である。このような寒冷地では照葉樹はどのように成立するのであろうか。普通，大きく育った個体ではかなりの耐寒性や耐乾性を示す樹種であっても苗木時代は弱い。ゆえに寒冷地では照葉樹の苗木は寒風に曝されるような裸地では生き残ることができないが，多くの照葉樹は耐陰性が高いので，落葉広葉樹林やマツ林内のような，風が弱く，さらに地表面の気温が放射冷却などできわめて低下することのない環境では生き残ることのできる樹種もある。北限地域における自生の照葉樹はコナラ林，アカマツ林，シデ林などのなかで発芽し成長（**図5.8**）したものがほとんどである。寒冷地で照葉樹林を人為的に再生しようとする場合も，裸地にいきなり植栽するのではなく，最初に落葉広葉樹などで樹林をつくり，それが十分に育ってから照葉樹を林内に植栽するという方法ではないとうまくいかないことが多い。ちなみに，人為的に照葉樹を林内に植栽した場合は照葉樹の天然分布をはるかに越え，かなりの寒冷地でも生育することがある。照葉樹ではないが，冬季乾燥する寒冷地では，冬期の寒乾風に弱いスギを裸地

に植栽しても，先枯
れなどが生じて林業
的には成り立たな
い。千葉県の山武林
業では，まずクロマ
ツ林をつくり，その
林内に挿し木で育て
たスギ苗を植栽して
スギ林を成立させて
きた。明治神宮境内
林いわゆる神宮の森

図5.8　林内で生育する常緑広葉樹幼苗

は造営のときにその技法を参考とした。時間的な制約から，山武林業のように
クロマツを苗木からはじめるのではなく，最初から大きなクロマツを植栽し，
その樹下に常緑広葉樹を植栽するという技法をとっている。

③ 分布北限地域でのタブノキ個体群とタブノキ林の成立

　タブノキはクスノキ科の常緑高木であり，日本では海岸近くに自生し，北限
は日本海側では青森県深浦町南部の岩崎武甕槌神社の個体群であり，太平洋岸
では岩手県山田町の船越半島の南側にある船越湾の船越大島の南向き斜面とさ
れているが，船越半島の田ノ浜地区や小谷鳥地区，船越半島北側の山田湾の大
島にも若干自生するようである。タブノキの樹林としては秋田県由利本荘市親
川地区とされている。内陸であっても，たとえば関東平野を囲む大平山にも自
生する。北限近くでタブノキが成立するには，第一に南向きの日当たりのよい
斜面で霜だまりとならないこと，第二にアカマツ林や落葉広葉樹林などの明る
い樹林がすでに成立しており，その林床で種子が発芽成長し，幼齢期や若齢期
の生育段階で周囲の樹林によって厳しい寒風から守られること，第三に砂丘地
においては，飛砂によって葉身や芽が傷つかないように，タブノキよりも海側
にクロマツ林などの飛砂の衝撃に耐性があって飛砂を抑える樹林が存在して守
られていることなどである。

07 クロマツやアカマツはなぜ胴吹き枝が出ないのか

　大部分の樹木では，幹や大枝の先端を切除すると頂芽優勢が崩れ，残された枝幹から胴吹き枝が発生し，急激な成長をして一刻も早く光合成機能を回復しようとする。ところが，クロマツやアカマツは梢端を切除しても胴吹き枝を出さない。アカマツやクロマツの当年枝は先端部分に翌年の越冬芽を形成し，当年枝の途中には芽をつくらない（**図5.9**）。そして先端の越冬芽は翌春にすべて発芽し，その年の当年枝となる。発芽できない芽は死んでしまう。このためクロマツやアカマツの幹や枝には長く休眠状態となる潜伏芽は形成されない。また多くの樹木では，傷口などに形成される癒傷組織，すなわちカルスから形成される不定芽が胴吹き枝となることが稀に起きるが，クロマツやアカマツの幹や大枝の傷口に形成される損傷被覆材は乾燥に弱く，中途半端な発達をし，傷口を完全に塞ぐことはほとんどなく，またそこから不定芽が形成されることもない。

　マツの新梢を中途で切断すると，切り口部分に越冬芽が形成される。この性質を利用して長い新梢を短くし成長を抑制する技法を"みどり摘み"という。みどり摘みを行う限度は8月中旬頃までで，それ以上遅くなると越冬芽が形成されない（関東地方南部の場合）。また，新梢をすべて切除すると前年の枝の葉の基部の短枝から小さい芽が稀にできる（**図5.10**）ことがあるが，3年目あるいはそれ以上古い枝

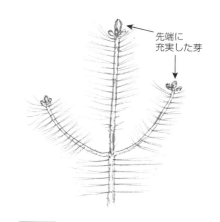

先端に
充実した芽

図5.9　**マツの新梢**

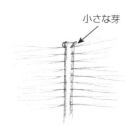

この芽は短枝が芽に
変化したものであろう

小さな芽

図5.10　**2年目の枝の短枝に稀に形成される小さな芽**

には芽は形成されない。マツの枝を葉のないところで切るとその枝は枯れてしまうが，2年目の枝であれば稀にではあるが小さな芽が形成されて生き残ることがある。

　健全であれば，クロマツの針葉は3年ほどの寿命があり，アカマツの針葉は2年ほどの寿命があって，それが過ぎると秋あるいは冬に退色して落葉するが，その際に短枝もいっしょに脱落する。短枝の脱落痕およびその周囲には潜伏芽がなく，剪定などをしても枝に胴吹き枝は形成されないが，ごく稀に芽が形成されて萌芽枝が発生することがある。脱落痕に最初の成長点細胞の一部が残っているのかもしれない。

08 篩管からの樹液の漏出

① カブトムシはなぜクヌギに集まるのか

　夏は樹木がもっとも盛んに光合成を行っている時期であり，葉でつくられた糖などの代謝産物は篩部を通って樹体全体に送られる。ゆえに篩部を傷つけたときに滲み出る樹液は基本的にすべての樹種で甘いが，ほとんどの樹種は病原菌や穿孔性昆虫の侵入に備えるため，樹液のなかにさまざまな抗菌性物質（たとえばポリフェノール類）を含ませている。タンニン類は代表的なポリフェノール性物質であるが，タンニンが含まれていると渋みがとても強い。そして，これらの抗菌物質は一般的に樹皮の薄い樹種ほど多いと考えられる。

　サルスベリはコルク層をあまり発達させずに樹皮を薄く保ち，その代わりに樹皮でも光合成をしているが，樹皮の薄さによる物理的防御力の弱さを，抗菌性物質を多量に生産することで補っている。つまり化学的な防御をしているのである。一方，クヌギの樹皮を見ると，コルク層がとても厚い。クヌギの樹皮は，昔はコルク原料のひとつであった。コルク細胞は細胞壁にスベリンという，多くの生物にとって分解や消化の困難な蠟物質が沈着した状態であり，コルク層が厚いと病原菌や穿孔性昆虫がほとんど攻撃できない強力な層となる。サルスベリの場合は，幹の肥大成長に対して伸縮性に欠けた硬いコルク層が対応できないために，コルク化した部分が脱落して内側の新鮮な周皮に置き換わるが，クヌギの場合はコルク形成層が幹を一周するように形成されてコルク層をつく

り続け，コルク層どうしが密着しているために古いコルクも脱落せず，前後のコルク層が幾重にも重なった厚い外樹皮となっている。さらにクヌギは外樹皮中にも多量のタンニンを含有させている。そのため，クヌギは樹液中に抗菌物質をたくさん用意する必要がなく，樹液が甘いので，多くの昆虫が樹皮の傷から滲み出た樹液を舐めにやってくる（**図5.11**）と考えられる。ちなみに，最近，クヌギやコナラの樹皮から樹液が漏れ続けるのは，ボクトウガの幼虫が絶えず内樹皮を齧って傷つけて樹木の防御反応による樹液漏出防止を妨げ，それを舐めに集まってくる小さな昆虫をボクトウガの幼虫が捕食する

図5.11　**クヌギの樹皮で酒盛りをする昆虫たち**

のが原因だということが元香川大学の市川俊英博士によって発見されている。

　同じブナ科でもカシ類はクヌギほど樹皮が厚くない分，樹液中にタンニン類が多く含まれており，カブトムシやクワガタなどの大型昆虫はあまり寄ってこないのではないかと考えられる。カシ類の幹から滲み出ている樹液が泡を吹いていて，そこにショウジョウバエなどの小さな虫がたくさん集まっているのを時折見かけるが，樹液が酵母菌などのはたらきで発酵している状態と考えられる。アベマキはクヌギ以上に厚いコルク層をもっているが，コルク層が厚い分，樹液が滲み出にくいために虫が寄ってこないのではないかという説がある。しかし何らかの理由でボクトウガが樹皮に穴を開けないのかもしれない。クロマツも厚い樹皮をもっているが，クロマツを傷つけると，樹皮の篩部に傷害樹脂道が形成されて樹脂を滲出し，材まで傷つけると正常樹脂道から大量の樹脂が滲出するので，虫はまったく寄ってこない。

　晩秋，すでに落葉したケヤキの幹に釘で浅く穴を開けると篩管の樹液が滲み出てくるが，これを舐めるととても甘い。おそらく澱粉を可溶性の糖に変えて越冬準備をしているのであろう。

② 樹液の泡吹き

　樹幹から泡が吹いたように樹液が漏出（**図5.12**）している状態が，特に夏

期にはしばしば観察される。これは傷ついた樹
皮の内部で酵母などによって樹液が発酵してい
る状態と考えられる。傷ついた部分では樹木の
防御反応によってフェノール性物質が盛んに生
産されているので，この樹液には毒性の強い
フェノール性物質が大量に含まれていることが
あり，不用意に触れるとひどくかぶれてしまう。
筆者は，カクレミノという常緑広葉樹の幹から
樹液が泡を吹いて滲み出ていたときに何気なく
触ったところ，ひどくかぶれた経験がある。お
そらくフェノール性の防御物質が多量に含まれ
ていたのであろう。ちなみに漆の主成分である

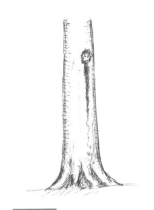

図5.12　樹幹から漏出する泡

ウルシオールもフェノール性物質の一種で，植物の防御物質である。

　胴枯れ性病害に罹った樹木が枯れた後に幹を切断するとアルコールを含んだ
ような甘い香りのすることがある。これも胴枯れ性の病原菌かそれ以外の雑菌
によって樹体内の糖が発酵したものと考えられる。

09　カシワやクヌギの葉はなぜ落葉しないのか

　厳しい木枯らしが吹く冬，雑木林を歩くとクヌギの葉が灰褐色に枯れた状態
で枝についているのが観察できる。多くの落葉広葉樹は秋に紅黄葉してから落
葉するが，クヌギはなぜすぐに落葉しないのであろうか。生理的には枝と葉柄
の間の維管束が閉塞して水分が送られなくなると葉は枯れるが，その枯れ葉が
脱落するには離層という組織が形成されなければならない。カシワやクヌギの
場合，離層形成が不完全な状態で冬を越し，春の萌芽直前に離層が完成して脱
落する。コナラ属はコナラ亜属とアカガシ亜属に分かれ，コナラ亜属は大部分
が落葉性で，一部にウバメガシやコルクガシのように常緑性のものがあり，ア
カガシ亜属はすべて常緑性である。このことから，コナラ亜属も昔はすべて常
緑性であったが，寒冷な気候に適応するために落葉広葉樹に変化したものの，
まだ常緑樹としての性質がいくらか残っていて紅黄葉現象と離層形成が同時に
は行われず，このような落葉現象を起こすのだという説がある。しかし，この

ような落葉現象について，より積極
的な生態学的意味を考えてみると，
冬芽や小枝を寒乾風から守る役割が
あるのではないかと思われる。また，
潮風と寒さに強いカシワは北海道で
は海岸の飛砂防備林に積極的に植栽
されてきたが，海岸近くに自生もし
ているので，潮風の害から越冬芽と
枝を守るためではないかという説も
ある。秋に落葉してしまうと，葉柄
痕の維管束の穴が完全に塞がれる前
に潮風などに曝されて塩分が枝に染
み入り枯れてしまうので，離層形成

を先に伸ばし，傷口がコルク化し潮風の害を受けにくくなる春先まで落葉しな
いのだというのである。しかし，カシワの葉は全部が落葉しないのではなく，
状況によってかなり異なり，秋に落葉する葉も多い（**図 5.13**）。たとえば，樹
林内にあって風の弱いところのカシワの葉は秋に落葉するものが多く，頂端近
くの乾燥しやすい部分の葉だけが冬もついている。枯れ葉がなかなか落葉しな
い現象はヤマコウバシ，マンサク，ロウバイ，イロハモミジなど，かなり多く
の樹種で見られ，珍しい現象ではない。

　緑葉をつけた生きた枝を切除した場合，切りとられた枝の緑葉は枯れるが，
枯れて褐色になった葉の葉柄と小枝の間に離層が形成されず，枯葉はいつまで
も枝に着いている。普通，樹木は離層形成が間に合わないほど急激に衰退枯死
した場合，枯れた葉はいつまでも枝に着いていることが多い。

10　根上がりの木と倒木更新

　森林を歩いていると，時折，根元が地表より高く蛸足のような形となってい
る樹木を見かける。これは**図 5.14** のように切り株や倒木の表面が腐朽した状
態のところに種子が落ちて発芽し，根が切り株や倒木の表面を伸びて地面に到
達し，大きく成長したものと考えられる。林冠が発達して鬱閉状態のトドマツ

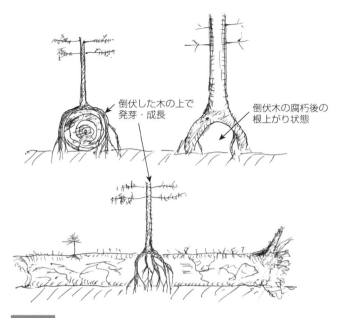

倒伏した木の上で
発芽・成長

倒伏木の腐朽後の
根上がり状態

図5.14 **倒木上に成長した根上がりの木**

林やエゾマツ林あるいはブナ林では，林冠を構成している個体の枯死・倒伏が
発生すると林冠に穴が開き林床に光が差し込むようになる。暗い林内で光が足
りずに発芽しても成長できなかった種子は，光が差し込む部分で発芽し成長を
はじめるが，胚軸が伸びて子葉あるいは本葉が展開する頃になると，ほとんど
の稚苗は枯れてしまう。この原因は苗立ち枯れ病と考えられているが，たまた
ま腐朽した切り株や倒木の上に落下してそこで発芽した苗は成長することがで
きる。切り株や倒木には腐朽菌はいても苗立ち枯れ病菌は少ないことが理由と
考えられる。切り株や倒木の上はササの葉による光の遮断がないことも大きく
関係していると考えられる。

　根上がり木は斜面にある樹木の根元土壌が流失した場合にも生じる。近年，
林業経営が成り立たない状況に置かれ，多くの植林地が放置され過密な状態と
なっている。そのため，林床に光が入らずきわめて暗い状態となって林床植物
が生育できずに裸地化し，強い雨が降ったときに樹幹流や林冠雨（雨垂れ）が
地表を流れるときに土砂を流失させて根元をむき出しにしてしまう（**図5.15**）。

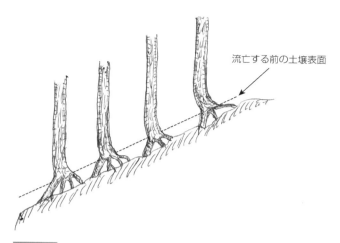

図 5.15 土砂流出で根元が露出した過密林分の根上がり木

傾斜の急な山林でこのような根上がり木が普通に見られるようになっており，強風や豪雨にきわめて弱い体質となっている。山の登山道の脇にある樹木にもしばしば根上がり状態が見られる。それは，登山道が過度の踏圧と雨水の流路となることによって削剥された結果生じるものが多い（**図 5.16**）。

水流による削剥

図 5.16 登山道における根系の露出

💡 樹高と幹の直径の比

樹木は孤立して立っているときは下枝も生き残るために根元近くの肥大成長が旺
盛になり，林内に立っているときは枝下高が高く樹冠が小さいために幹下部の肥
大成長は抑制される。そして樹高 H と胸高直径 D（根元から高さ 1.2 m あるい
は 1.3 m の部分の直径）の比 H/D の値が，材内部や根系に特別な欠陥のない場合，
強風による幹折れのしやすさの程度をよく表すことが Mattheck 博士らの研究で
明らかになっている。H/D が 50 以上（たとえば胸高直径が 50 cm の場合，樹
高 25 m 以上）では強風によって幹折れを起こす可能性が高くなり，35 以下（胸
高直径 50 cm の場合，樹高 17.5 m 以下）では幹折れの可能性がほとんどない
とされている。もし H/D の値が小さいのに幹折れや根返り倒伏を起こしたとき
は空洞，腐朽，亀裂など何らかの欠陥を抱えている状態とされている。H/D の
値が 50 以上の個体は，高木性樹木では激烈な光獲得競争をしている森林内でし
か見ることができない。もし森林内の樹木が周囲の木の伐採によって林縁木に
なったり孤立木になったりした場合，きわめて倒れやすい状態である。長く伸び
た枝が折れやすいか否かもこの考え方を適用できるが，この場合は枝の長さ L
に対する枝の基部の直径 D の比 L/D ＝ 40 がひとつの目安で，それ以上になる
と折れやすいことが報告されている。

11 ヤナギはなぜ沼地でも生えるのか

　アシやイネなど湿地に生える植物は稈が中空になっており，根には **図 5.17**
のように皮層細胞が一定間隔で死んで細胞間隙の著しく多い"皮層通気組織"
を発達させ，地上部で吸収した酸素を根に送るしくみをもっている。樹木でも
湿地に生えるヤナギ，ハンノキ，ヤチダモなどの根は樹皮の皮層組織に同様の
しくみをもっている。また，湿地生ではない樹種でも，乾いたところに生える
個体と湿ったところに生える個体とでは根の皮層組織の構造が異なり，湿った
ところの木には皮層組織に細胞間隙が発達する。さらに，同じ個体でも水平根
と垂直根とでは皮層の構造が異なってくる。深いところまで潜る根は皮層細胞
の一部が死滅して細胞間隙が発達し，地上部の皮目から吸収した空気を根の先

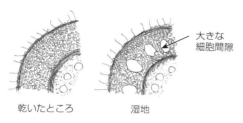

大きな
細胞間隙

乾いたところ　　　湿地

図 5.17　湿地生イネ科草本の根に見られる皮層
通気組織

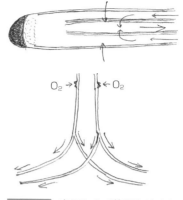

$O_2 \rightarrow$　　$\leftarrow O_2$

図 5.18　皮層および篩部おける根
端への水と酸素の輸送

端にまで送る組織が形成されるが，浅い水平根にはそれがない。ヤナギ類などの湿地生植物にはこの皮層通気組織が特に発達している。皮層通気組織の形成にはエチレンという植物ホルモンが深く関与していると考えられているが，死滅する細胞が規則正しく発生するので，アポトーシス（プログラム細胞死）すなわち "管理・調節された細胞の自殺の一種" と考えられている。皮層の細胞間隙を満たしている水には皮目を通じて多くの酸素が溶け込んでいる。細胞の根端では中心柱の木部，すなわち外側から内側に向かって水が動いているが，その流れによって皮層の細胞間隙および篩部の水が根端方向に引張られ，根端で中心柱の木部内に入り，その際に根端細胞に溶存酸素を供給する。おそらく根端への酸素の供給（**図 5.18**）には篩部の流れも関係しているのであろう。

　ラクウショウは，乾燥した場所では普通の樹木と形態的に変わらない根を形成するが，湿地では膝根（ひざねともいう）という気根（**図 5.19**）を発達させる。この気根は木部に細胞間隙が極度に発達

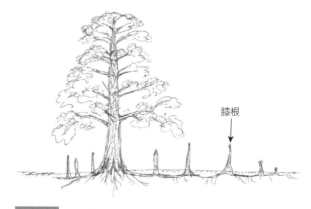

膝根

図 5.19　**ラクウショウの膝根**

して材が“すかすか”の状態になっており，樹皮もきわめて薄く，そこから空気を吸収して細根に送るようになっている。この膝根は原産地のアメリカ南部の湿地帯では 2 m 以上の高さになることがある。

12 ガジュマルの気根と成長

　アコウやガジュマルの仲間は日本の南西諸島から東南アジア，インド，アフリカまで広く分布しているが，その独特の気根の発達は他の樹木とはまったく異なった雰囲気を醸し出している（**図 5.20**）。普通，樹木の不定根は傷や腐朽がないと発生しないが，ガジュマルの気根は幹や枝に傷がなくても発生する。ガジュマルは鳥やコウモリに実が食べられ，その糞が樹木の上に付着すると，そこから種子が発芽して成長し，樹木の表面を覆うように根を張るが，根どうしが癒合して網のようになり，最終的には樹木を絞め殺してしまう（**図 5.21**）。元の木が絞め殺されて腐朽した後は，癒合して筒状になった根が幹のように太くなって自立する。その後も枝や幹から次々と気根を出していくが，それらも表面に付着すると癒合していくので，幹のように見える部分は形成層による根の肥大成長と気根の癒合成長によってきわめて速く太くなる。

　ガジュマルの実が地面に落下したときは，普通の樹木と同様に最初から自立して成長するが，幹の材質はあまり硬くないので，1 本の幹だけではあまり背が高くなることはできない。枝や幹の途中から下垂する気根が地面に到達すると，支柱根となって樹体を支えるようになる。支柱根には圧縮に耐えるもの，引張りに耐えるもの，その両方に耐えるものがあるが，圧縮に耐えるものはきわめて速く太くなり，引張りに耐えるものは急に太くはならないが，地面に到達した後の根は

図 5.20　**ガジュマルの樹形**

急速に四方に伸びて簡単には抜けな
くなる。

　枝から発生したガジュマルの気根
が地面に到達して支柱根になると，
支柱根の出た部分より先が風で揺れ
にくくなり，養水分も元の根ばかり
ではなく新たな支柱根からも供給さ
れるので，その枝はさらに伸び，ま
た気根を垂らして支柱根を形成す
る。このようなことをくり返して次
第に横に広がっていき，ガジュマル
は1本の木でありながら，幹の林立
した森のようになることがある（**図
5.22**）。このような性質を示し，1本
の木が巨大な森を形成している例は
熱帯や亜熱帯の各地に見られるが，

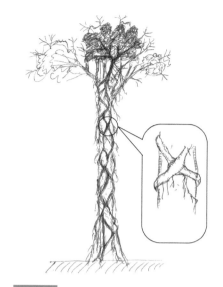

図5.21　**着生した木を絞め殺すガジュマル**

インドにはガジュマルに近縁のインドボダイジュが1本の木でありながら
2 ha近い樹冠面積をもつ個体があるらしい。今のところ，世界最大の樹冠面
積の木といわれている。

図5.22　**気根が支柱根となって森のように成長したガジュマル**

🔖 シュート

高等植物の体は茎，葉および根で構成され，茎は1本～数本の主軸と主軸から
発生する多くの枝で構成されている。植物組織学では個々の枝や分枝のない主軸
先端を1本の茎とみなし，そこにつく葉を含めてシュート（shoot）と呼び，そ
れをひとつの単位としている。シュートのことを苗条ともいうが，シュートにつ
いている芽は未成熟な短いシュートとみなされ，芽鱗はシュートにつく矮小な葉
とみなされる。シュートの最初の成長は幼芽のなかの分裂組織の細胞分裂からは
じまり，主軸を形成してから展葉と頂芽形成，側芽形成を行う。これらの芽がま
た新たなシュートを形成する。

13 ケヤキの葉の矮小化と開花結実

　ケヤキは材質のよさと幹の形状のよさから，農家の裏庭に防風と用材採取を
兼ねて植栽されてきた。近年は樹冠形状のよさなどから公園木や街路樹として
も盛んに用いられている。本来，ケヤキは渓谷や沼沢地のそばの比較的水分が
多いところに自生する樹種であるが，公園や街路の土壌は踏圧で固結したり周
囲が舗装されたりして雨水が浸透せず，また地下鉄や下水道によって地下水の
上昇も遮断されているため，慢性的な水不足に陥っている木が多い。このよう
な状態にあるケヤキは初夏に翌年の越冬芽を形成する際，きわめて小さい芽を
つくる。そして，この芽から翌年春に形成される枝もきわめて細く短く，葉も
異常に小さく，花芽をたくさんつけて結実する。実をつけた細い小枝には越冬
芽は形成されず，実が充実する晩夏から初秋にかけて紅黄葉現象を示さずにそ
のまま灰褐色に枯れる。前年の枝が順調に生育していれば潜伏芽となるはずの
越冬芽が，充実して翌春に立派なシュートを形成する。小型の葉の葉柄と小枝
の間には離層が形成されないまま秋が過ぎて冬を迎えても枯れ葉はついてお
り，厳しい木枯らしが吹く頃になってから枝と小枝の間に離層が形成されて落
下する（**図5.23左**）。その際，からからに乾いた薄い数枚の小さい葉が浮力
を与え，小枝は実をつけたままプロペラのように回転しながら遠くへ飛ばされ

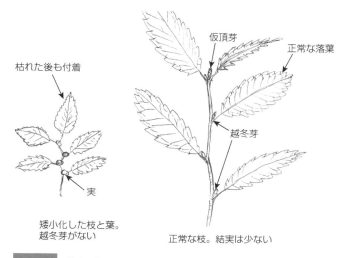

枯れた後も付着

仮頂芽

正常な落葉

越冬芽

実

矮小化した枝と葉。
越冬芽がない

正常な枝。結実は少ない

図5.23　結実し枯れた葉をつけて落下するケヤキの小枝

る。水分条件の良好なところにあるケヤキの枝は長く伸び葉も大きいが，開花結実量は少ない。この長く伸びた枝も開花して結実することがあるが，葉は正常に紅葉・褐葉した後に落葉し，実は秋にそのまま真下に落下する。このようなケヤキの枝と結実の形態変化は，多量の水分を必要とするケヤキにとって環境条件が良好なときは実を自分の近くに落下させ，不良なときは遠くに飛ばそうとする生理的・生態的適応と考えられる。小枝がこのように小さくたくさん結実するときは，充実した越冬芽は前年の枝の先端近くに形成される。

　筆者の知るかぎり，1980年頃より以前にはケヤキのこのような異常現象はあまり見られなかったが，近年の都市のヒートアイランド現象による大気の高温乾燥化の影響も加わって，都市では珍しい現象ではなくなっている。特に前年の初夏の越冬芽が形成される時期に異常な暑さと乾燥に見舞われると，木全体できわめて小さな越冬芽しか形成されず，翌年に異常な小葉・開花・結実現象を呈する。最近ではこの現象が渓流沿いや池のそばのケヤキの一部の枝にも見られるようになり，気温の上昇と大気の乾燥化の影響が広範囲に表れているのかもしれない。

　ケヤキの葉の異常は生態的な適応現象と考えられるが，このような状態が常態化すると，ケヤキは年々衰退し，遂には枯れてしまうかもしれない。これは環境変化の指標として注視していくべきであろう。ちなみに強剪定をした木では，

光合成機能を回復させることに全精力を費やしているので，少なくとも剪定後数年間は，発生した胴吹き枝につく葉は大きく着花も結実もしない。しかし，異常な結実現象を呈さないからといって強剪定を受けた木が元気であると考えてはならない。

樹木の豆知識 7

放射組織

樹幹の横断面を見ると髄から樹皮表面に続く線が見られるが，これが放射組織である。放射組織は樹皮を剥いだ樹幹の表面（接線面）では軸方向の紡錘形となっている。放射組織では辺材の内側と外側，篩部と木部，篩部と皮層の間でさまざまな物質の交換が行われている。放射組織は広葉樹と多くの針葉樹ではすべて生きた柔細胞で構成され，針葉樹のうちマツ科の大部分とヒノキ科の一部の樹種では放射組織内に死細胞である短い仮導管（放射仮導管という）が存在する。放射組織は形成層の放射組織始原細胞の分裂によって木部と篩部の双方につくられるが，篩部の放射組織は年々脱落するか新しい放射組織に押し潰されてしまうかするので長くならない。放射組織には形の違う数種類の細胞があり，水平方向（放射方向）に長い細胞を平伏細胞，軸方向に長い細胞を直立細胞，軸方向と水平方向とが同じ細胞を方形細胞という。また，放射組織は軸方向の仮導管や導管とも物質を交換しているが，その接点を分野といい，そこには分野壁孔という穴が存在する。放射組織の柔細胞は基本的に細胞分裂をしないが，樹皮が剥がれたり腐朽が進んだりしたときに樹皮を形成したり不定根を形成することがある。

14 ケヤキの遅い開葉

ケヤキの展葉は，関東地方南部では早ければ3月下旬，遅くても4月には行われるが，時折6月になっても展葉しない個体が見られる（**図5.24**）。枯死したのかと思っていると6月末頃に芽が開いて展葉し，その後は普通に枝が成長する。なぜこのような個体が出てくるのであろうか。いろいろな原因が類推できるが，次のような仮説を立ててみた。

ケヤキは大きな導管径をもつ環孔材であり，基本的に前年につくられたもっ

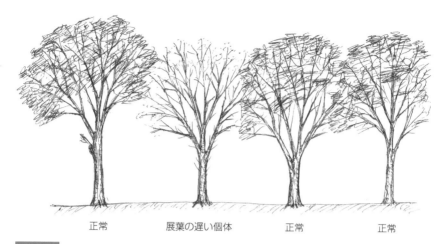

| 正常 | 展葉の遅い個体 | 正常 | 正常 |

図5.24 周囲の木より一段と展葉が遅いケヤキの個体

とも新しい年輪の導管には越冬中に気泡が入って水分通導ができなくなっている。当然，それ以前に形成された年輪の導管にも気泡が入りチロース現象を起こして水分通導がほとんど止まっている状態である。そこでケヤキは展葉する前に最初に大きな導管の列すなわち環孔をつくって，その年の水分通導機能を確保し展葉する。そのエネルギー源は材や樹皮に蓄積されている糖や澱粉と枝幹の皮層組織つまり樹皮で行う光合成産物である。樹皮での光合成は落葉中も行われている。ところが樹勢が不良で枝幹に蓄積エネルギーが不足していたり樹皮の皮層組織に十分な水分供給ができなかったりした場合，導管形成に時間がかかってしまう。導管が形成できなければ芽に水分を供給できず展葉できないので，場合によっては6月に入ってからの展葉となってしまうのではないか，と考えている。

15 ポプラの葉柄の秘密

多くの広葉樹の葉柄は風を受けたときに柔軟に曲がり，葉身が風下側を向くようになっている。これによって葉が大きな風荷重をまともに受けないようにしているが，常緑広葉樹より落葉広葉樹のほうがよく曲がる。おそらく落葉広

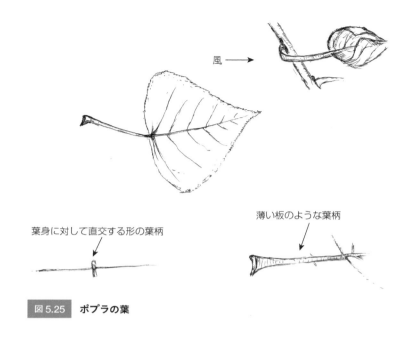

図 5.25　**ポプラの葉**

葉樹より長い期間葉をつけている常緑広葉樹のほうが葉を硬く丈夫にしているからであろう。このような葉柄の柔軟性をもっとも発達させているのがポプラ類である。ポプラ類の葉柄は**図 5.25**のように葉身面に対して垂直の断面をもっており幅が細くなっている。この葉柄はきわめて柔軟性に富み，弱い風に対しても簡単に曲がり，葉身の先が常に風下を向くようになっている。そのとき，葉身のハート形の基部も巻き込むように湾曲して風荷重を効果的に逃がし，樹幹や大枝に大きな曲げ応力が生じないようにしている。葉は風下側に曲がるとともに旗がはためくように葉先がこきざみに揺れ，さらに枝にぶつかったり葉どうしがぶつかったりする音が加わる。それが樹冠全体で起きるので"やまならし"といわれる所以となっている。ポプラ類は樹高が 30 m 以上にもなるが，割り箸や楊枝を見ればわかるように材質はリグニンが少なく決して強靭ではない。それでも立っていられるのは葉柄のこのような構造によるのであろう。

16 秋伸び現象と冬でも緑を保つ落葉性街路樹

　日本の多くの樹種はおおむね初夏の頃までに翌年の芽すなわち越冬芽を形成する。この越冬芽がその年の秋までに芽を開き展葉することを秋伸びという。秋伸びは強風による枝折れ、潮風による葉の傷み、強剪定、移植、盛夏期の乾燥などにより十分に光合成を行えなくなった状態に樹木が置かれたとき、回復を図ろうとして休眠芽が起き出すものであり、前年の潜伏芽が起き出すこともある。街路樹では街路灯などの照明により秋になっても短日条件にならず長日条件に置かれた場合も、越冬芽が休眠状態にならず秋伸びすることがある。秋伸びしたシュートは晩秋までに小さな芽を先端に形成し、普通は枯れたりせず無事に越冬する。

　明るい街路灯の近くに立っているプラタナスやヤナギなどの街路樹の葉が冬になっても落葉せずに緑色を保っているのをよく見かける（**図 5.26**）。これは街路灯の光によって葉が常に長日条件に置かれて、正常な落葉現象が起きない状態である。これらの葉は、翌年の早春、芽が開く直前になって離層が形成されて脱落する。元北海道大学低温科学研究所の酒井昭博士の研究では、札幌市の街路樹のポプラで正常に落葉した枝と冬になっても緑色の葉をつけていた枝の耐凍性を比較したところ、葉をつけていた枝のほうが耐凍性が弱かったという結果が出ている。しかし、それで街路灯のそばの枝葉が寒さで枯れるという

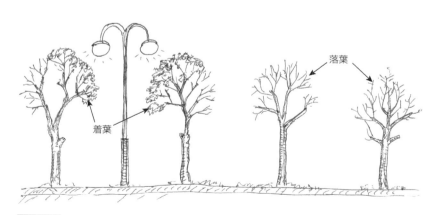

着葉　落葉

| 図5.26 | **冬も緑色を保つ街路灯のそばの街路樹** |

ほどの弱さではないので，この現象が毎年見られることになる。

17 蔓の戦略

　フジ，ツルウメモドキ，ヤマブドウ，キヅタなどの木本性蔓類は他の樹木に
絡みつき，絡みつかれた樹木の樹冠とほぼ同じ高さあるいはそれより上に枝葉
を展開して光合成を行う。絡みつかれた樹木は光合成が阻害されて衰退し枯れ
てしまうこともある。絡みつかれた樹木が枯れて倒伏してしまうと蔓は自分も
光合成ができなくなるので，多くの場合，その周囲の木にも絡みつき，自分自
身は倒れないようにしている。そのよ
うな蔓類の材を見ると，リグニンはき
わめて少なく材に柔軟性があり，曲げ
ると簡単にしなるが，引きちぎろうと
すると大変な力が必要である。

　フジの幹断面を見ると，年輪成長の
遅い部分では**図 5.27** のように大きな
導管が一列に並んでいるだけで，晩材
部分がほとんど形成されていない
のがわかる。また細胞壁にもリグ
ニンがほとんど含まれていない。
さらに，フジは**図 5.28** のような
特殊な肥大成長をして体を変形
し，幹に絡みつく部分と絡みつか
ずに自分の体を支える部分の断面
形態をまったく変えてしまう。こ
のフジの特殊な肥大成長は篩部柔
細胞が二次的な形成層に変化する
ことによって起きる。フジの樹齢
を断面から判定する場合，もし円
形の年輪部分がまだ年輪成長を続
けているときは半月部分の年輪を

環孔材

| 図 5.27 | きわめて大きな導管で構成され
るフジの年輪 |

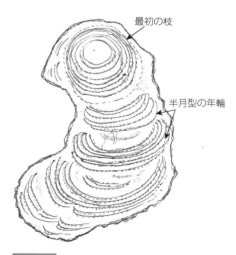

最初の枝

半月型の年輪

| 図 5.28 | 特殊な肥大成長を示すフジ |

数えず，円形の部分のみを数える必要がある。これはフジが円形の年輪形成と同時に半月形の年輪をいくつもつくるからである。しかし，フジの蔓は最初の円形部分が死んで腐朽し，半月部分のみが成長するということがしばしばある。そうなると断面を見ても年齢はわからない。フジの蔓にはリグニンが少なく，わずかでも傷つくときわめて腐朽しやすいが，たとえ腐朽しても

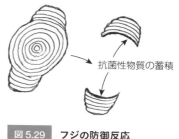

抗菌性物質の蓄積

図 5.29　**フジの防御反応**

半月型に成長する部分には腐朽菌は侵入できず，また古い半月型成長輪に腐朽が進行しても，その後の新しい半月型成長輪には腐朽は入らない。さらに，フジの場合，普通の樹木で見られる空洞状態になることはほとんどない。フジでは木部の腐朽は必然的に入るものであり，たとえ蔓が部分的に腐朽しても差し支えないような成長をし，また各成長輪の境界を超えて腐朽が進展しない防御機構を発達させているのである（**図 5.29**）。

18　菌根のはたらき

　ほとんどすべての樹木の根は菌類と共生して菌根を形成している。菌根が形成されるのはまだ表皮が残っていて樹皮がコルク化していない細根部分である。菌根の種類は，アーバスキュラー菌根，外生菌根，内外生菌根，ツツジ型菌根，モノトロポイド型菌根，アーブトイド型菌根，ラン型菌根の7種類に分けられている。菌根であるのは確からしいが上記の7種類の枠に入らないものもある。それを偽菌根という。菌根はまだ表皮組織や皮層組織がコルク化していない細根部分に形成されるが，肉眼で菌根と判別できるのは外生菌根と内外生菌根である。外生菌根はマツ科樹木でもっとも発達するが，その外観的形態を**図 5.30**に示す。菌根が形成された側根では菌糸膜が細根を厚く覆って菌鞘を形成してショウガ状に肥大し，根毛は形成されない。外生菌根といっても菌糸が根の組織内に入り込んでいないのではなく，皮層組織までは入り込んでいる。しかし，皮層細胞の細胞膜内には入り込んでいない。他の内生型菌根菌は皮層細胞の細胞膜内にまで菌糸を伸ばしている。外生型，内生型のいずれ

も菌糸が入り込めるのは，細根の皮層組織までで，内皮より内側へは入らない。菌根菌の土壌中に伸びた菌糸は根毛よりもはるかに細くまた長いので，細根が入れないような小さな土壌間隙にも伸びていき養水分を吸収して根に供給し，一方，根は糖などの光合成産物を菌根菌に供給する。特に菌根菌は，水に溶けないために土壌中を移動しにくく植物の根がもっとも吸収しにくいリン酸を効率よく吸収するので，アブラナ科，アカザ科などの一部の植物を除き，ほ

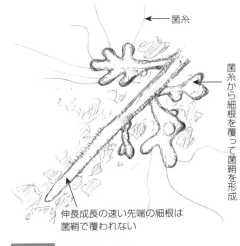

← 菌糸

菌糸から細根を覆って菌鞘を形成

伸長成長の速い先端の細根は菌鞘で覆われない

図 5.30　**外生菌根の形態**

んどの植物にとって菌根形成は成長に不可欠である。菌根が形成されている樹木と形成されていない樹木とでは成長量がまったく異なっており，たとえば樹高 30 m になる樹木も菌根が形成できないときは数 m の高さにしかならないと考えられている。

19 日本における北限のブナ林について

1 ブナ属の種類

　ブナ属（*Fagus*）は北半球の冷温帯落葉広葉樹林帯（夏緑林）を構成する落葉喬木性樹種である。世界に分布するブナ属はヨーロッパに 1 種，北米に 2 種，黒海からカスピ海にかけての中央アジアに 2 種，日本を含む東アジアに 9 種，計 14 種が記録されている。しかし，分類学的には未整理の部分があるようで，樹種数は文献によって異なっている。すべての種が北半球に生育し，南半球にはブナ属は分布していない。北極をとりまくようにユーラシア大陸と北米大陸に分布する周北極要素であるが，ナラ類のような連続性は見られず，また緯度

的にも高緯度地方は少なく中〜低緯度の山地に多い。なお，ブナ属によく似た形態をもつ南半球のナンキョクブナ属（*Nothofagus*）は，以前はブナ科に入れられていたが，現在はナンキョクブナ科として分けられている。世界にはブナ属の樹種はいくつかあるが，森林生態系のなかで極相優占種としてほぼ純林を形成する性質をもつのは日本産のブナ *F. crenata* のみであり，他の樹種は優占種とはならず，カエデ類やナラ類に混じって生育するといわれている。

② 日本におけるブナの分布

　日本にはブナ属の樹種はブナ（シロブナともいう）とイヌブナ（クロブナともいう）の2種があり，この2種はブナ属のなかでは類縁関係が遠く形態的にもかなり異なる。なお，イヌブナは北海道には分布していない。日本におけるブナ林の分布は，現在はかなり縮小されているが，昔は北海道南部から九州南部に至るまでの山地にかなり広範囲に分布していた。分布の南北の限界は，北は北海道寿都郡寿都町，黒松内町および磯谷郡蘭越町の3町にまたがる"幌別山塊"の蘭越町側東斜面の「ツバメの沢」，南は鹿児島県鹿屋市と垂水市との境にまたがる「高隅山地」とされている。しかし近年，寿都町の弁慶岬に近い北向きの急斜面にも，ごく小規模で純林ではないものの，「大和の沢ブナ林」の存在が確認され，このブナ林のほうがツバメの沢保護林（名駒ブナ林ともいう）よりも緯度的にわずかながら北に位置するので，最北端のブナ林とされている。このブナ林は，開拓時代に付近一帯のブナ林が伐採されるなかで，斜面が急過ぎたために切り残されたのであろうと考えられている。しかし，北海道におけるブナの分布を考える場合，渡島半島と後志地方の地理・地形を考えればすぐにわかることだが，緯度的にどれが最北かということよりも，分布の最前線はどこか，という観点の方が重要であろう。大和の沢ブナ林は，それよりもさらに北に分布を広げることは不可能であるが，ツバメの沢ブナ林は北方向あるいは東方向に分布の拡大が可能であり，ツバメの沢ブナ林が最北東端の分布最前線のブナ林ということになる。個体としてはさらに東に寄ったところにもミズナラやダケカンバの林に混じって生育しているのが確認でき，ブナは現在もその分布を北東方向に徐々に拡大させていると考えられている。

③ 北限地域のブナ林

　北海道寿都郡黒松内町にある国有林「歌才ブナ林」は北限地域のブナ林として有名であり，国指定天然記念物に指定されている。黒松内町には孤立したブナ林として，歌才ブナ林よりも少し北側に「添別ブナ林」があり，東方向にはトドマツとの混交林である「白井川ブナ林」が存在する。蘭越町には，前述のツバメの沢ブナ林の少し南に「三之助沢ブナ林」がある。さらに，現存するブナ林としては青森県と秋田県にまたがる「白神山地のブナ林」が日本一あるいは世界一の規模とされて，世界自然遺産にも指定されているが，寿都郡島牧村の火山「狩場山」には歌才ブナ林とほぼ同じ緯度に，規模的にははるかに広大な 17,000 ha に及ぶブナ林がある。純林の程度や人の影響の少なさも考慮すれば，白神山地以上のブナ林といっても差し支えないほど立派である。狩場山の東の大平山にも立派なブナ林がある。

　本州では冷温帯の上限付近まで分布するブナが，なぜ北海道では温度的限界よりもはるかに南の黒松内低地付近で分布が止まっているのか，現時点では完全な決着はなされていない。分布北限が黒松内低地帯付近でとどまっていることについては，昔から多くの研究者が不思議な現象として考察を重ねてきた。主なものだけでも，①山火事説（本多 1900 年），②種子散布歴史的沿革説（田中 1900 年，南部 1927 年），③羊蹄火山群阻害説（古畑 1932 年），④降水量制約説（塚田 1982 年，植村他 1983 年，武田ほか 1984 年），⑤気候特性反映植生配置説（吉良ほか 1976 年），⑥ニッチ境界説（渡邊 1985, 1986, 1987 年），⑦黒松内低地帯高温説（大森・柳本 1988 年），⑧晩霜害説（林 1996 年），⑨北方ブナ集団の開芽特性原因説（梶・北畠 1999 年），⑩群集構造変異説（北畠 2002 年）と多様であるが，どの説をとっても 1 つの説だけでは現在の分布を説明しきれない。近年は次の説が有力とされている。

・およそ 1 万年前までの氷河期に北海道ではブナは絶滅し，本州には生き残った。

・氷河期が終わって再び分布を拡大する際，本州では速やかに北端まで分布を広げたが，津軽海峡の存在によってなかなか北海道には再上陸できず，5,000 ～ 6,000 年前にようやく渡島半島南端に到達することができた。

・その後徐々に北上し，約 700 年前に黒松内低地に到達した。

④ 分布最前線でのブナ林の拡大

　分布最前線に並ぶツバメの沢ブナ林，三之助沢ブナ林，白井川ブナ林は互いに孤立しており，しかもその成立は比較的新しく，樹幹解析の結果から200〜300年前（単木的にはそれ以前から生育していた個体もあった可能性がある）と考えられている。北限域でブナが分布を拡大するしくみについては次の説が有力とされている。

・ある段階でミズナラなどが優占する林のギャップに，ネズミ，リス，カラスなどの動物による種子散布によって単木的に生立し，その状態が長く続く（筆者も函館本線熱郛駅の北側，幌別山塊の南端の峠道の脇の林内で，ブナの若木が単木的に生育しているのを見ている）。
・あるとき，台風等の強風，地滑り，雪崩，斜面崩壊などによってミズナラやカンバ類の優占種が衰退したときに，ブナは分布を拡大し，林分を形成する（三之助沢ブナ林での研究では，北海道に大災害をもたらした洞爺丸台風の後にブナ林が拡大したことがわかっている）。
・このような分布拡大を何度もくり返すことによって，孤立していたブナ林分は互いに連続し，また北東方向にも徐々に拡大していく。

20 史前帰化植物としてのクヌギとクスノキ

① クヌギ

　クヌギはブナ科コナラ属コナラ亜属の落葉喬木である。コナラ亜属はコナラ節，カシワ節，クヌギ節，プロトバラヌス節（北アメリカ産），ウバメガシ節，アカガシワ節（北アメリカ産）の5節に分かれるが，クヌギとアベマキはクヌギ節に含まれる。ワインのコルクで有名な地中海沿岸産の常緑樹コルクガシもクヌギ節に含まれる。岩手県以南の本州と四国，九州および中国，朝鮮に分布するが，古代から人に盛んに利用され植栽されてきたので，本来の天然分布ははっきりしていない。日本では里山の重要木として盛んに利用されてきたが，奥山の天然自然の森林には見られないので，人とともに大陸から入ってきた移入種ではないかという説が出されている。日本には縄文時代あるいは弥生時代

に持ち込まれたのではないかという説がある。しかし，アベマキとクヌギはきわめて近縁で材の組織形態もよく似ているので，縄文遺跡等から出土するクヌギ節の木片などがクヌギなのかアベマキなのかを顕微鏡で区別するのは困難とされている。ほかにもいくつかの要因があり，縄文時代にクヌギが盛んに利用されていたと断定することはできないが，利用されていなかったとも断定できないようである。

　日本のクヌギの遺伝子解析をした結果，大陸産に比べて多様性が小さく変異の幅が狭いことがわかっている。大陸からの移入種と仮定すれば，変異の幅が狭いのはボトルネック効果が働いたためと考えられる。ボトルネック効果とは，ガラス瓶の首が狭いのと同様，他の場所に移植されるときは，原産地の多様な系統のうちのごく一部の系統しか持ち込まれないので，移入先では遺伝子の多様性が狭まる現象である。一方で，日本産クヌギと大陸産クヌギとの間には，日本産のほうが樹皮が厚い傾向があるなどの形態的な差があり，遺伝的にも系統的な差があるので，日本産クヌギは縄文時代よりもかなり古い時代に日本に分布を広げ，独自に進化したとする説もある。

　クヌギは陽樹であり乾燥にも強いので，裸地状態のところではきわめてよく成長するが，他の樹種と混植したり樹下に植栽したりすると十分に成長できずに枯れてしまうことが多い。成長は早く，若木のころは平均年輪幅が年間5 mm 以上に達することがあるが，成長が進むと年輪幅は徐々に狭くなる。

　クヌギ材は環孔材で，大導管が早材に並び，晩材には小導管しかないが，小導管は放射方向に並んでおり，放射環孔材のように見える。放射組織はきわめてよく発達し，木口面でも板目面でも明瞭である。乾燥による年輪の接線方向の収縮率が大きいので，材に軸方向の亀裂が入りやすく，建築物の構造材としてはあまり利用されてこなかった。

　クヌギは薪炭材として，またシイタケ榾木（ほだぎ）としての利用価値が高く全国的に植林されているが，昔はドングリも食用にされていた。近年はクワガタ類の養殖用としても利用されている。薪炭林としては 15 〜 25 年ごとに伐採され，切り株からの萌芽更新がなされてきた。しかし，株の樹齢が 100 年程度を越えるようになると，萌芽能力は急速に失われてしまうことが多いので，4 回から 5 回伐採すると，畑にしたり苗木を植栽したりしたようである。筆者は埼玉県内の寺院の境内林で，伐採後の萌芽更新の状況を観察したことがあるが，薪炭経営がなされずに数十年も放置されて大きく育った木を伐採しても，萌芽

枝が少なく，萌芽した枝もすぐに枯れてしまい，萌芽更新がきわめて困難であることをつぶさに観察している。切り株から萌芽するのは，樹皮に埋没しながら年輪成長に合わせて少しずつ成長している潜伏芽が，上部の伐採により急激な成長を開始するためである（**図5.31**）。ところが株の樹齢が増すにしたがって潜伏芽の活性が徐々に低下し，また外樹皮（コルク）も厚くなるので，厚い外樹皮を破って

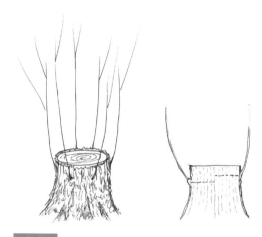

図5.31 切り株からの潜伏芽の萌芽

萌芽することが難しくなり，更新が難しくなるのではないかと考えられる。

　強風の後にクヌギの林に行くと，葉をつけた生きた小枝が無数に散乱しているのを見ることができる。その小枝の基部を見ると「離層」といってもよい構造になっている。このような離層構造は近縁のアベマキや，まったく別種のクスノキでも見られる。強風により樹冠に大きな風荷重がかかると，幹が破損したり根返り倒伏したり大枝が折損したりするかもしれない。そこでクヌギは，樹冠が大きな風荷重を受けたときに小枝を落として風荷重を減らす機能を発達させたと考えられる。小枝が脱落した部分は，その後タンニンのようなフェノール物質が集積して淡褐色になり，その部分がそのまま防御層として機能し，病原菌等の侵入を防ぐことができるようになっているのがわかる。

　クヌギやコナラの幹が竹の節状に肥大している現象がしばしば観察される。この現象の主役はシロスジカミキリである。シロスジカミキリの雌が樹幹に飛んできて樹皮を傷つけて産卵管を差し込んで産卵する。1つ産卵すると横に少し移動してまた産卵する。このようにして幹を一周すると，高さを変えて再び同様のことを，卵がなくなるまで行う。いっせいに孵化した幼虫は樹皮を食害するので，樹木は防御反応と力学的反応で竹の節状に肥大成長させるが，その後，材を穿孔するほど成長する幼虫はごくわずかなようである。シロスジカミキリの幼虫が材内にいるのは3年ほどであり，産卵痕のある竹の節状の肥大

部分から 1 m 前後離れたところに大きな脱出痕が見られることが多い。

　クヌギの葉は秋に紅黄葉するが，1 枚の葉に赤色，赤褐色，黄色，淡緑色が混じっていることが多い。赤褐色はタンニンの一種のフロバフェンが生成されているためと考えられる。その後，紅黄葉の多くは葉柄と小枝の間に離層が形成されて落下するが，一部の葉はきれいな紅黄葉を呈さずに枯れて淡褐色に変色し，離層が形成されず，冬の間も脱落せず，春になって新芽が展開する直前に離層が完成して脱落する。この現象に対して，クヌギに近縁なコルクガシが常緑であるように，クヌギの先祖は常緑樹であり，その性質がいくらか残っているためである，という説がある。しかし，このような性質はカシワでも顕著に見られ，さらにカエデ類やロウバイ，ヤマコウバシ，ケヤキなど多くの落葉広葉樹でも見られる現象であるので，常緑樹としての性質が残っているためというよりは，もっと生態的な積極的理由があるように思える。その理由として筆者は厳しい寒乾風から越冬芽（腋芽）を守る役割があるのではないかと考えている。

❷ クスノキ

　クスノキは常緑広葉の大喬木であり，樹高は 50 m 近くに達するものもある。本邦産広葉樹類では最も巨木となり，鹿児島県姶良市蒲生町にある蒲生八幡神社境内の「蒲生の大クス」は日本一の太さを誇り，地際から 1.3 m の高さの幹周囲が 24.2 m，根元回りが 33.5 m とされている。しかし，この木の現在の樹勢はあまり芳しいものではない。山口県下関市にある「川棚のクスの森」（1 本の木であるが大きく枝を広げた様子が森のように見えるのでこの名がある）は樹高 27 m，樹冠径は東西に 58 m，南北に 53 m と記録される傘型樹形の巨木であったが，この木も樹勢が衰退し現在は樹冠がかなり縮小している。台湾にも川棚のクスの森と同様の樹形の巨木がある。台中市后里区にある「澤民樟」は，筆者の計測では樹高 20 m ほど，樹冠直径は 54 m に達する傘型の樹形を呈している。ちなみに澤民樟という名は故 李登輝元総統が名付け親である。

　クスノキの漢字としては樟と楠の 2 つが出てくるが，漢語ではクスノキを意味するのは樟であり，楠は中国産のタブノキに近縁の樹種を意味する。

　天然には日本の本州中部以西，韓国の済州島，台湾，中国南部，海南島，ベトナムに分布するとされているが，琉球列島（奄美諸島と沖縄諸島）には存在

しないとされている。しかし近年，日本のクスノキは奥山には自生木が見られ
ず，人里の近傍にしかないことから，大昔に人が南方から日本列島に移り住ん
できたときに持ち込まれた，前川文夫博士の提唱した「史前帰化植物」と考え
られている。筆者は，琉球列島以北に天然自然のクスノキが分布しないのであ
れば，済州島のクスノキも日本のものとほぼ同様の経路をたどった史前帰化植
物かもしれないと想像している。

　台湾には天然分布があり，樟脳はオランダ時代，清時代，日本時代と長く重
要な輸出産品であったが，日本時代には資源の枯渇を来したために「樟脳造林」
が盛んに行われた。現存する台湾低地部のクスノキ林の多くは日本時代に植林
されたもののようである。日本でも関東地方以西の温暖な地方で盛んに樟脳造
林がなされたが，近年は化学薬品などの代替品により需要は著しく減少し，樟
脳採取もあまり行われていない。台湾にはさらに芳樟という変種あるいは亜変
種も自生する。外観からはクスノキと芳樟の識別は困難であるが，芳樟のほう
がわずかに葉が小さく枝が細いという。しかし，筆者には明確に区別すること
ができなかった。芳樟には樟脳がほとんど含まれず，代わりにリナロールとい
う芳香物質を多く含んでおり，高級化粧品に利用されている。なお，芳樟は日
本でも試験研究機関の見本林で見かけることがある。

　樟脳はクスノキの根や枝のチップを水蒸気蒸留して得られる。2環式モノテ
ルペンに属するケトンの一種で分子式 $C_{10}H_{16}O$ である。テルペンは炭素数が
5の倍数（5n，n≧2）で，n個のイソプレンあるいはイソペンタンから構成さ
れる前駆物質に由来する物質の総称で，モノテルペンは炭素数10個のテルペ
ンの総称で，ケトンはカルボニル基（＞C＝O）が2個の炭化水素基と結合し
ているカルボニル化合物の総称である。樟脳は古くから殺菌消毒薬として，ま
たセルロースの可塑剤として利用されてきた。

　クスノキの材は腐朽に対する抵抗性が高く，また散孔材で年輪界が不明瞭で
加工しやすいので，現存する日本最古の和語文献である古事記にも丸木舟とし
ての利用が書かれており，飛鳥時代以降は仏教彫刻に使われたりしてきた。現
在も仏像等の木彫の材料として重要である。

　本州，四国，九州では，春に新葉を展開してから前年の葉をいっせいに落葉
させるので，基本的に葉の寿命はほぼ1年であるが，樹勢不良の個体は新葉
展開前に前年の葉がすべて落葉し，落葉広葉樹のような様相を呈することがあ
る。また，分布北限近くの寒冷な地域では，寒さが厳しい年には冬季に完全に

落葉することがある。台湾低地部では落葉はかなりばらついて行われる。新葉は色の変化が多様で，赤いタイプを赤クス，青いタイプを青クスという。造園的には赤クスのほうが価値が高いが，樟脳成分は青クスのほうが多く含まれるといわれている。

台風などの強風が吹き荒れた後にクスノキの根元近くを見ると，地面に小枝がたくさん散乱している。その小枝の基部と，枝の小枝脱落部分は**図5.32**のようになっている。クスノキの場合，強風による幹折れ，大枝折れ，根返り倒伏を防ぐために，葉のついた生きた小枝を脱落させて樹冠にかかる風荷重を低減させていると考えられる。そのためにクスノキの小枝と枝の分岐部は容易に脱落する構造が最初から用意されているのであろう。クスノキ

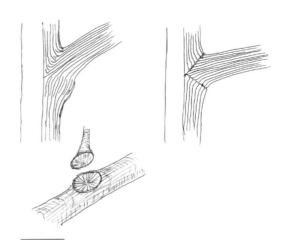

図 5.32　**強風時の生きた小枝の脱落**

図 5.33　**クスノキの葉のダニ室**

の場合は，生きた小枝の脱落によって傷ついても樟脳成分によって菌類等は容易には侵入できず，腐朽が進展しにくいのであろう。これと同様の構造がクヌギの枝でも見られる。

クスノキの葉裏の葉脈分岐部には大小2つのダニ室（ダニ部屋）がある（**図5.33**）。大きいほうのダニ室にはフシダニを捕食するケボソナガヒシダニが棲みつき，小さいほうのダニ室には吸汁性のフシダニが棲みついているといわれている。このフシダニを，ダニ室を利用しない捕食性のコウズケカブリダニも摂食するらしい。このように，常に葉裏の表面に捕食性のダニが棲み続けるこ

とによって，虫こぶを形成するフシダニの増殖を抑制するといわれている。一方では，クスノキの葉のダニ室は秋になると入り口が狭くなり，なかにフシダニを閉じ込めたまま脱落するので，新葉展開時に吸汁性ダニの個体数を著しく減らす効果もあるらしい。

　クスノキは幹や大枝からの萌芽性が高く，そのため大木でも移植が可能である。昭和40年代から60年代にかけて盛んに環境緑化が行われたときは山取りの大径木をほとんど電信柱状態にカットして運搬し，全国各地で緑化木として植えつけられた。このような移植法が行えるのも，樟脳成分により傷口から腐朽菌や胴枯れ病菌が侵入しにくいことがひとつの要因と考えられる。一方では，まだ茎の表面にコルクが発達していない「青軸」の小苗は，茎の表皮からの蒸散量が多く，掘取時に傷つけられた貧弱な根系では水分吸収が追いつかず，普通に掘りとって移植した場合，枯死する確率がかなり高い。ゆえに，昔の樟脳造林では茎を切断して根株だけを植えつける方法が盛んに行われた。そのため，全国各地に残る樟脳造林地をみると，株立ち状態の個体がきわめて多くなっている。

　クスノキは常緑樹であるが，葉の耐陰性は低く，多くの落葉広葉樹と大差ない状態である。そのため，クスノキ林の下ではクスノキの幼苗を見ることは稀で，林冠に大きなギャップが生じて太陽光が直接林床に達する場所や林外で稚苗が生育しているのを見かけることが多い。また，過湿な土壌条件でも生育し，水田跡地などではきわめて旺盛な成長を示す。ゆえに，根元が少々覆土されても大きな影響が見られないことが多い。

　幹下部が異常に肥大して，まるで極端な台勝ち現象のように見える個体（**図5.34**）を時折見かけるが，この原因はわかっていない。た

図5.34　**クスノキの幹下部の大きな瘤**

だし，オーキシンやサイトカイニンの植物ホルモンの濃度異常により形成層の異常な細胞分裂が生じて瘤が形成されているのは確かであろう。

クスノキは産業上重要な樹木であるが，それにしては記録されている病害虫が少ない。葉にはクスノキハクボミフシという黒いぼつぼつの虫瘤ができやすいが，これはクストガリキジラミが原因である。さらに，葉や緑枝に炭疽病がしばしば発生するが，これにはクスクダアザミウマの吸汁が関係していると考えられている。

6 環境と樹木

01 環境と樹形

1 地形と樹形

　山地に生育する樹木でも，その標高や地形によって生育状態がかなり異なる。尾根筋，中腹および谷筋はそれぞれ水分条件が異なり，尾根筋は雨が降ってもすぐに流れ去ってしまい，また風も強いので乾燥しやすい。光は上方，側方ばかりではなく斜め下からもくる。谷筋は水が集中し風が弱いので湿っていて水分環境は良好であるが，光は上方からしかこないので，隣接木との光獲得競争は激しい。中腹は水分が流れ去るが上からも流れてくるので，水分環境としては谷と尾根の中間である。光は上方と側方からくる。ゆえに，同じ樹種でも尾根にある木は背が低く下枝が大きく張っており，根はきわめて広く伸びている。谷にある木は背が高くて樹冠は高く，幹下部の下枝はなく，根はあまり発達していない（**図 6.1**）。

　林業では一般的に尾根はアカマツ，中腹はヒノキ，谷はスギが植林木として適しているとされている。しかし，尾根でもかなり湿った土壌条件のところがある。気流が尾根を越えるときは上昇気流となるが，そのとき気流中に多量の水蒸気が含まれていると雲が発生する。地理的・地形的に雲（霧）が多く発生するところでは，樹木の枝葉が空中の水滴を捕捉して雨垂れのように根元に滴り落とすため，観測される降水量以上に多くの水が根に供給されている。尾根筋や中腹にところどころ天然スギが見られるが，ほとんどはこのような立地条件

である。世界で最高樹高になる
セコイア・センペルヴィレンス
（和名はセコイアメスギ，あるい
はイチイモドキ。現在正確に計
測されている最高樹高は115.6 m
とされている）が，生育するア
メリカ・カリフォルニア州の
コーストレンジ（海岸山脈）で
は，太平洋からの湿った風が山
脈に当たって上昇気流となって
多量の雲を生じ（**図 6.2**），それ
をセコイアの葉が捕捉して根元
に滴らせ，このような樹高を維
持している。このように雲や霧

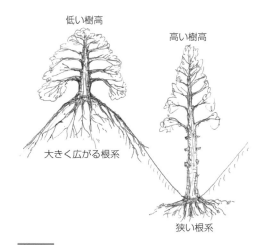

| 図 6.1 | 尾根にある木と谷にある木の樹形の差 |

によって成立する森林を雲霧林という。なお，近年，スギの茎葉が雨や霧の水
を直接吸収していることが判明しているので，雲霧林の樹木も同様のことを
やっているのかもしれない。

　傾斜したところに立っている樹木の多くは幹が湾曲する，いわゆる"根元曲
がり"（**図 6.3**）の状態である。**図 6.4** のように傾斜地の造林地や一斉天然下
種更新地では，山側に隣接する樹木のほうが相対的に高くなるので，山側の個
体の樹冠によって谷
側の個体は山側に樹
冠を伸ばすことが制
限され，空間の広い
谷側のほうに樹冠を
伸ばす。その結果，
重心が谷側に偏り，
それを是正するため
にいくらか根元曲が
りとなる。さらに，
急傾斜地では土砂や
積雪が下方に滑り落

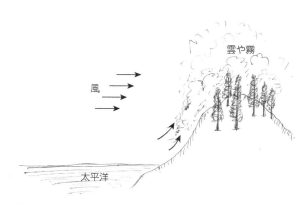

| 図 6.2 | 太平洋から流れてくる風が山脈に当たり，上昇気流となって大量の雲を発生させる |

広葉樹

針葉樹

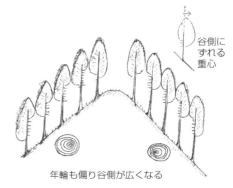

谷側に
ずれる
重心

年輪も偏り谷側が広くなる

図6.3 急傾斜地に見られる著しい
根元曲がり

図6.4 傾斜面に生育する針葉樹植林木の枝張り
の偏り

ちるために若い個体は谷側に傾斜し，それから起き上がり，また傾斜して起き
上がる，ということをくり返して成長するうちに著しい根元曲がりが形成される。

「山地で道に迷ったら切り株を見ればよい，幅の広いほうが南側である」と
いわれるが，これはまったくの迷信であり，これを信じるときわめて危険である。傾斜地にある樹木の場合，前述のように年輪は偏心成長をするが，針葉樹の場合は谷側が広くなり，広葉樹の場合は山側が広くなることが多い。この法則は斜面がどの方角を向いていても成り立ち，太陽の方向とは無関係である。しかし，この法則も必ずというわけではなく，切り通しの崖縁に立っている針葉樹のように，谷側に根を伸ばせないときは山側が広くなり，広葉樹も山側に根を伸ばせない条件があると谷側が広くなる。なぜこのような迷信が生じたかを推測すると次のようになるであろう。スギやヒノキの植林地の続く山でハイキングをしている人が休憩をとろうとすると，普通，日当りのよい南斜面の伐採跡地になろう。そして木の切り株に腰かけるであろう。そのとき切断面を見ると南斜面なので谷側は南であり，年輪幅は谷側すなわち南側が広くなっている。このようなことから年輪は南側が広くなるという迷信が生まれたのかもしれない。

② 気象と樹形

　気象条件と樹形との間には密接な関係がある。常に一方向からの強い風が吹くところでは風衝樹形（**図6.5**）が生じる。海岸や山地の尾根筋のように，強い風がほぼ一方向から吹く場所にある針葉樹は，しばしば樹冠が**図6.6**のようになっている。風上側の枝は枯れ，風下側の枝のみが生き残って，ちょうど旗が風下にはためいているような形である。一方向からの強風，寒風，潮風などにより風上側の芽と頂芽が枯れて風下側の芽のみが生き残るので，このような形となるが，この形は特定方向からの風が卓越している場所ではきわめて安定した形となっている。

　関東地方平野部の背が高くなったイチョウの梢端部分を見ると，大部分が**図6.7**のように北方向に少し曲がっている。これは春の発芽展葉時期に南の海側から潮風が吹くために，南側の芽や新葉が枯れて風下側の北側が生き残るためと考えられる。クチクラ層がまだ十分に発達していない新葉は塩害に弱いので，このような現象が起きる。

　冬期の厳しい寒乾風の吹く地域に生育する樹木やビル風の強いところに植えられた樹木は，しばしば**図6.8**のような形となっている。これは強い寒乾風のために樹冠より外に出た芽や枝が枯れ，樹冠の内側を向いた芽や枝のみ生き残るためと考えられる。ビル風の強いところに植えられた移植木は，寒さはそれ

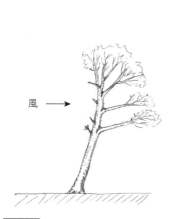

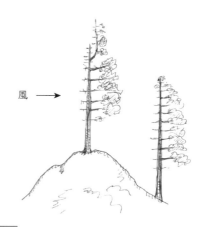

| 図6.5 | 一般的な広葉樹の風衝樹形 |

| 図6.6 | 旗が風下にたなびくような針葉樹の風衝樹形 |

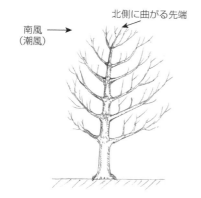

南風
（潮風）

北側に曲がる先端

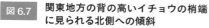

図6.7 関東地方の背の高いイチョウの梢端
に見られる北側への傾斜

樹冠の外側に
向く枝が枯死

図6.8 ビル風や寒風の厳しい場所に生育
する広葉樹の樹形

ほどではなくても強風による乾燥で外側の芽が死んでしまうので，このような
樹形が顕著に現れやすい。移植時の根系切断によって水分吸収機能が低下した
ことが強く影響していると考えられる。

　また樹木は落雷により枯死することがある。多くの場合は単木の枯死ですむ
が，森林では集団で枯死することもある。樹木が落雷で枯死するとき，外見上
変化が表れにくいので，すぐには気付かれないことが多い。また，材中に水食
い材のような水分の多い部分がある場合，
高い電圧によって水分が瞬間的に高温とな
り，水蒸気爆発を起こして材が破裂するこ
とがある。この場合，木全体が枯死するこ
とは稀で，幹の途中から胴吹き枝を出すこ
とが多い。さらに枯死には至らないが，梢
端から根元まで細長く続く樹皮の壊死や溝
腐れを生じることもある（**図6.9**）。いず
れにしても，落雷による害はさまざまな状
態を引き起こすが，他の要因でも似たよう
な症状の出ることがあるので，正確に判定
するのは困難なことが多い。

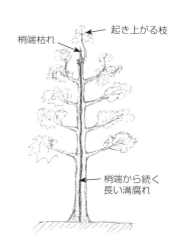

梢端枯れ

起き上がる枝

梢端から続く
長い溝腐れ

図6.9 落雷被害を受けた樹木
の樹形

③ 熱帯の雨林と季節風林での樹木の成長の違い

　1年間の気温があまり変わらずに年平均気温がおおむね25℃以上の地域を熱帯というが，熱帯も大きく「雨林気候区」と「季節風林気候区」に二分される。季節風林をモンスーン林ともいう。年間の降水が多く明確な乾季のない地域（通年湿潤）が雨林気候であり，乾期と雨期が明確に分かれている地域が季節風林気候である。どちらの気候区も一般的に樹木の成長は早く，幹の肥大成長量は他の地域よりも大きいが，樹木の成長に及ぼす雨林気候と季節風林気候との大きな違いは年輪の有無と明確な落葉期の有無であろう。雨林気候区ではほとんどの樹種が常緑状態を保ち，年輪がなく幹断面を見ても樹齢のわからない木が多いのに対し，季節風林気候区では乾期に落葉して成長が停止するために年輪が明確なものが多い。季節風林気候区にある樹種のなかには乾期でも着葉する常緑樹は多いが，葉を維持はしていても伸長成長や肥大成長が一時的に停止するために年輪が形成される。なお，雨林気候区で大部分の木が常緑樹であるといっても，落葉と発芽展葉がばらばらに行われ，いっせいに落葉する時期がないので，全体としては常緑状態を保っているということである。

④ サヘル地域の樹形

　アフリカのサハラ砂漠（サハラはアラビア語で「砂漠，荒野」の意味）の南側は東西に長く続く半乾燥地域となっており，これをサヘル（アラビア語で「岸辺」を意味するサーヒルが語源といわれている）という。このサヘル地域は気候的には雨季と乾季の明瞭なサバンナ（サバナともいう）気候で，年間降水量がおおむね600 mm以下200 mm以上である。200 mm以下になると砂漠地域である。樹木で多いのは有棘のアカシア類であるが，基本的に樹木どうしの樹冠が接することはなく，木と木の距離はかなり離れている。その距離を決めているのは降水量と地形的な土壌水分量で，降水量が多くなるほど木と木の間隔が狭くなって樹高も高くなり，降水量が少なくなるほど樹高は低くなり，間隔が離れていく。遠く離れた木と木の間に灌木や草本は生えることができるが，高木性の樹木はほとんど成立できず，何らかの原因で既存の高木が枯死したり倒伏したりしたときに新たな個体が侵入できる。そうなる原因は，木どうしがかなり離れているように見えても，それぞれの個体の根と根はほぼ接しており，

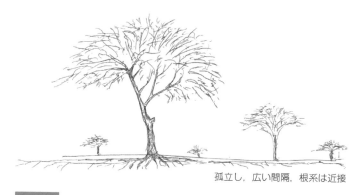

孤立し，広い間隔，根系は近接

図 6.10 サヘル地域のアカシアの樹形と根系

少ない水分を分け合っているからである（**図 6.10**）。樹木の根が分泌するアレロパシー物質が新たな個体の侵入を阻害しているという説もある。サヘル地域のアカシア類はオーストラリアなどに生育する常緑のアカシア類と異なり，雨期に葉をつけ乾期に落葉する落葉樹であるが，アカシア・アルビダという種（最新の分類では *Acacia* 属から切り離され，*Faidherbia albida* となっている。*Faidherbia* 属は本種のみの 1 属 1 種である）は乾期に着葉し雨期に落葉する一風変わった性質をもっている。おそらく他の樹種よりも深く根を伸長させて地下水から上昇してくる毛管水を利用して乾期の着葉を可能としているのであろう。そして，雨期の土壌中の水分が十分な時期はアカシア・アルビダにとって土壌中の酸素が不足する状態であるため落葉して休眠状態に入るものと考えられる。このようなアカシア・アルビダの性質は，他の種との水分競合を回避するとともに乾期における食葉性動物の貴重な餌となっている。筆者がマリ共和国で最初にこの木を見たときは雨期であったので「立派な木が枯れている，残念だな」と思ったりしたものである。

⑤ 雪の害と樹形

冠雪害　　雪が降ると雪の重みで枝や幹が折れたり曲がったり，斜面に降った雪の移動で樹木が傾斜したり，根元から引き抜かれたり，積雪が沈降して枝が抜けたりとさまざまな害が生じる。**図 6.11** は冠雪によるさまざまな害の例を

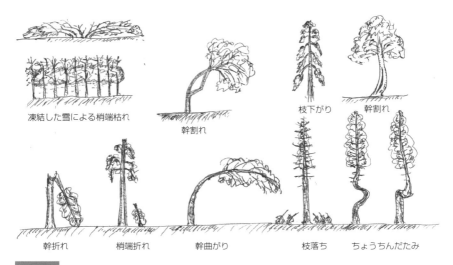

図中のラベル：
凍結した雪による梢端枯れ
幹割れ
枝下がり
幹割れ
幹折れ
梢端折れ
幹曲がり
枝落ち
ちょうちんだたみ

図 6.11 樹木の多様な冠雪害の模式図

模式的に表したもので，樹冠に被さった雪の重みで生じるものである。樹冠に被さっている雪が夜間凍って枝葉に完全に付着すると，それが解けるまでの間，長時間低温状態に置かれる。これにより耐凍性の低い常緑広葉樹は葉の細胞が凍結して死んでしまうことがある。初春，サワラの生け垣などに雪が降り積もり，長いときには半月近くも凍った状態で雪が被さっていた部分では，雪が解けた後も枝から新葉が出ずに枯れていることがしばしばある。これは一度耐凍性を解除したサワラの葉が長い間凍結状態に置かれたために細胞が凍結枯死した結果と考えられる。

斜面を移動する積雪の害　　図 6.12 は斜面を雪が移動することによって生じる害を示している。積雪の斜面の移動はゆっくりと滑ることもあるが，雪崩のように速度の速いこともあり，その速さと深さによって被害の程度はまったく異なる。雪が斜面を徐々に移動する場合，根元曲がりという現象がしばしば生じるが，雪崩の場合は樹木が引き抜かれたり幹折れしたりする被害が生じる。

　多雪地の斜面では，樹木がまだ小さいときは毎冬のように雪の移動によって木は倒され，春に雪が解けるとあて材を形成して起き上がろうとするということをくり返しながら次第に成長し，樹木が積雪に埋もれなくなるほどの高さに成長すると倒されることがなくなり，その後は順調に大きくなることができる。

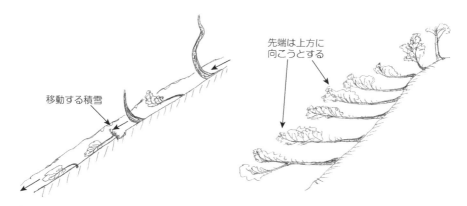

先端は上方に
向こうとする

移動する積雪

| 図6.12 | 斜面を移動する積雪による樹木の被害 |
| 図6.13 | 幹がほぼ水平状態に成長する多雪地の急斜面の樹木 |

しかし，急斜面ではかなり樹木が太くなっても寝たままの状態が見られる（**図6.13**）。

枝抜け　　積雪が沈降して低い枝が抜けてしまう現象は多雪地ではしばしば見られるが，これは積もった雪が下から解けるためである。降りはじめの雪ほど大気中の汚染物質や塩分などを多く含んでいて凝固点すなわち融点が低い。また地面に接した雪は土壌表面のさまざまな物質と触れてさらに凝固点が下がる。加えて，土壌には

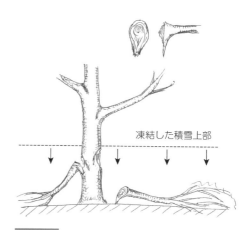

凍結した積雪上部

| 図6.14 | 積雪の沈降による枝抜け現象 |

有機物が堆積しており，それが微生物によって徐々に分解・発酵しているので，雪が被さって逃げ場のない発酵熱が溜まる。これらが重なって積雪は下から解けて沈降するが，上部の雪は外気の低温により凍っているので，積雪中に枝全体が埋もれたり，冠雪の重みで垂れ下がって積雪中に先端が埋もれたりしている下枝は，重い氷が付着した状態になっており，積雪の沈降によって**図6.14**のように引き抜かれることになる。

初春の根元周囲の早い雪解け　初春，雪が積もった森のなかで樹木の根元の周囲の雪が**図6.15**左のように解けている現象が見られる。この現象に対してメディアなどでは，春に樹木が活動を開始して，そのときに生じる生理的な熱で雪を解かしているのだという説

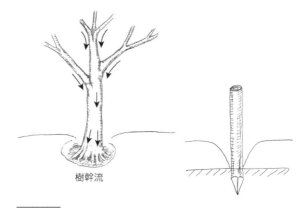

樹幹流

図6.15　初春の雪解け時期における樹木の根元の融雪

明がしばしばなされている。しかし，これは多分誤解であろう。初春，外気温が上がってくると樹冠に付着した雪が解けて樹幹を伝わって根元に流れてくる。また，ときには雪ではなく雨が降ることもあろう。そのときも樹幹流が発生する。樹幹流は樹皮表面を流れてくるので，さまざまな物質を溶かしており，純粋な水あるいは氷に比べて融点すなわち凝固点が降下している。それによって樹木の根元の雪が解けやすくなっていると考えるほうが合理的であろう。土に木杭を打ちつけてある場所に雪が積もってしばらくたってから行ってみると，杭に接する部分の雪が周囲の雪よりも早く解けているのが観察される（**図6.15**右）。これは杭を伝わって流れてくる雨水あるいは杭の頂部に積もった雪が解けて杭表面に付着している物質を溶かしながら流れ落ち，杭に接する部分の雪の融点を降下させたためと考えられる。生きていない木杭も森のなかの樹木と同様の現象を示すのである。

6 立木密度と樹高の関係

　集団で成長した木と孤立して成長した木を比べると，集団で成長した木のほうが，樹高が高くなる傾向がある（**図6.16**）。これを密度効果という。しかしこの効果が現れるには適正な本数密度である必要があり，あまりにも密度が高すぎると樹高の伸びは抑制される。この適正密度は樹木の大きさや樹種と深く関係し，苗木のときは過剰な密度のほうが丈が高くなるが，大きくなるにつれ

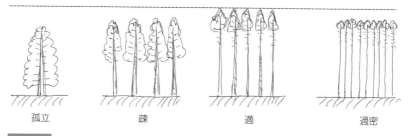

図 6.16 **密度と樹高成長の関係**

て適正密度は急激に下がっていく。適正密度を超えた密度にすると，小さな樹冠が頂端部にわずかについたような樹形となり，光合成能力が著しく低下し，継続的な上長成長を維持することができず，かえって樹高が抑制され，粗な密度のほうが丈高く成長することがある。

　近年の林業不況により多くの植林地で適正な間伐が行われなくなった結果，過剰な本数密度となり，根元径がきわめて細くしかも枝枯れの生じやすい樹幹が生じているが，この状況は林内を非常に暗くさせて林床植生の生育を妨げ，深刻な表層土壌の浸食を引き起こしている。

⑦ 林冠木の樹冠の独立性

　スギ林の林冠を林内から見上げると，**図 6.17** のように個々の樹冠は隣接する樹冠とは交わらずに独立している。これは樹冠どうしが光を遮り合って枝の側方への成長を阻害していることがひとつの理由であるが，もうひとつ大きな理由がある。それは樹冠が風などで揺れて互いに接触するとエチレンという植物ホルモンが発生し，側枝の伸長が抑制されたり枯れたりすることである。スギの葉はかなり耐陰性が高いので，光の量だけを考えると樹冠どうしが重なっても枝は生きていら

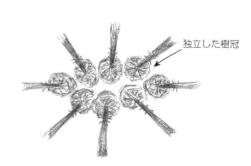

独立した樹冠

図 6.17 **スギ林の林内から見上げた林冠木の樹冠**

れるが，そうならないのは揺れと接触というストレスによるエチレン発生の効果が大きいと考えられる。

⑧ シダレヤナギの安定性

　多くの樹木は主幹から上部に枝を伸ばして可能な限り多くの光を受けようとしているが，シダレヤナギは主幹から細い枝を垂れ下がらせている（**図6.18左**）。また，幹と枝の分岐部も，普通の樹木とシダレヤナギとでは**図6.19**のようにまったく異なっている。シダレヤナギのこのような樹形が可能となるのは，シダレヤナギが森林性ではなく池沼の脇に生育していて，多くの光を天空からだけではなく側方や斜下方からも受けているからである。このような樹形は主幹にかかる風荷重と重力による曲げモーメントを可能な限り小さくするのにも役立っており，同じ量の葉を維持するのに普通の樹木よりも細い枝ですませることができる。"柳に雪折れなし"あるいは"柳に風折れなし"という諺があるが，

図6.18　枝垂れ性樹木と普通の樹木の枝振りの模式図

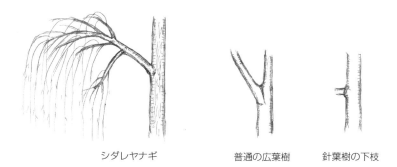

シダレヤナギ　　　　　普通の広葉樹　　　針葉樹の下枝

図6.19　枝垂れ性樹木と普通の樹木の，枝と幹の分岐部の形態の模式図

シダレヤナギのこのような樹形からきたものであろう。実際には結構折れているのを見かけるが，ヤナギの材質が弱く折れやすいためであろう。

　同じヤナギ類でも，日本に自生するバッコヤナギやタチヤナギは枝を上方に伸ばしており，河原などの自生地でもかなり密生した樹林を形成することを可能としている。しかし力学的強度を保つためにシダレヤナギよりもはるかに多くの材を必要とする。ただし，これらの河原のヤナギ類は前述のように洪水時に倒れても構わないという戦略をとっているので，倒れやすさや折れやすさを気にしていないのかもしれない。そのためか，タチヤナギに限らずほとんどのヤナギ類の材質は，樹木にしては細胞壁中のリグニンがきわめて少なくやわらかい。

02　あて材の形成

① あて材と幹の傾斜の関係

　ほとんどの植物の茎は上方に向かって成長し，他の個体と競争しながら，光を少しでも多く得ようとする性質があるが，もし何らかの原因で軸が傾くと，茎を屈曲させて上方に伸びようとする。草本植物の場合は一次組織の柔細胞が傾いた茎の上向き側と下向き側とで異なった伸長成長をして茎を屈曲させる。しかし木本植物では，維管束形成層から形成される木部二次組織は，原形質の消失した死細胞で構成される仮導管や木繊維が主であり，細胞の軸方向の成長を停止している。また，細胞壁を厚くしてリグニンを沈積させて大きな体が潰れないようにしているので，組織が硬くなっている。そこで樹木は直立していたときに形成された通常の木部組織とは異なった木部組織を形成層が新たに形成して幹を屈曲させ，上方に体を立て直そうとする（**図6.20 上**）。

　樹木は幹が傾斜したり著しい片枝だったりして，地上部の重心が根元の幹心から大きくずれると，“あて材”を形成して体を起こす（**図6.21**）。あて材は枝にも形成されるので，ほとんどすべての個体に，しかもひとつの個体中に無数の箇所に生じる材である。材木業者の間では，あて材は狂いやすいので異常材として嫌われているが，樹木にとっては枝幹の向きを上方に維持するのに必要不可欠の材である。

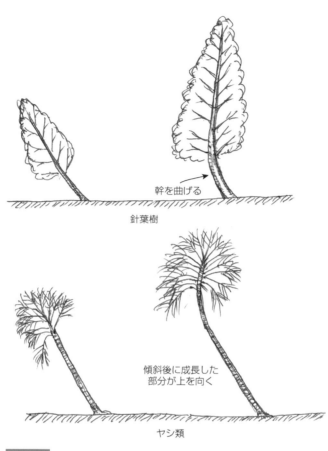

幹を曲げる

針葉樹

傾斜後に成長した
部分が上を向く

ヤシ類

図 6.20　針葉樹（上）とヤシ類（下）の体の起こし方

　ヤシ類は樹木と異なり，二次肥大成長をしないので材を形成しないが，幹が傾斜すると**図 6.22** のように曲がって体勢を立て直す。これは傾いた草本の茎と同様に，頂端分裂組織の細胞分裂に続く細胞成長において，傾斜した側の細胞伸長が反対側よりも大きくなることで少しずつ幹を湾曲させ，上端が垂直になるように是正する方法である（**図 6.20 下**）。

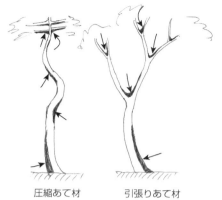

圧縮あて材　　　引張りあて材

図 6.21　樹幹と枝の屈曲部分のあて材の位置
（矢印の部分があて材）

図 6.22　ヤシ類の幹の屈曲

② 針葉樹の圧縮あて材

　あて材の性質は針葉樹と広葉樹とでは異なり，針葉樹では傾斜した幹あるいは枝の下向き側に，体を押し上げるように"圧縮あて材"を形成する（**図6.23**）。それに伴い年輪の配列も**図6.24**のように下向き側が幅広く，色もやや褐色が濃く，細胞壁中のリグニン量も多くなっていて，早材と晩材との区別がつきにくくなっている（**写真6.1**）。圧縮あて材は枝でも形成され，その部分は極端

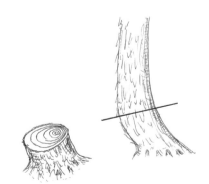

図 6.23　傾斜した幹の下向き側に形成される
圧縮あて材

リグニンが多い

図 6.24　圧縮あて材の断面の年輪分布

な偏心成長を行う（**図
6.25**）。細胞壁は**図6.26**
のように細胞間隙である
ペクチン層（隣接の細胞
の細胞壁と接着させる）
とP（プライマリー
ウォール）層およびその
内側のS（セカンダリー
ウォール）層に分かれ，
S層はS₁層，S₂層，S₃
層の3層に区分できる

**傾斜したヒマラヤスギの根元に発達した圧縮
あて材**

が，そのうちもっとも厚いS₂層の
微小繊維（セルロースで構成され，
ミクロフィブリルともいう）の配列
は軸方向に対して約45度，場合に
よっては90度近い角度になってお
り（**図6.27**），形成層からの細胞分
裂後，ミクロフィブリルどうしの間
隔が開いて細胞が軸方向に伸び，ミ
クロフィブリル間の開いた隙間にリ
グニンがつまって，伸びた細胞が再
び収縮することのないようにしてい

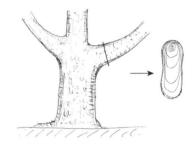

極端な偏心成長をする

図6.25 **枝の圧縮あて材部分の年輪分布**

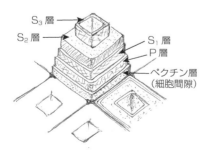

図6.26 **仮導管細胞壁の構造の模式図**

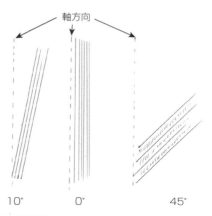

軸方向

10°　　　　0°　　　　45°

図6.27 **仮導管細胞壁S₂層のミクロフィ
ブリルの配列変化の模式図**

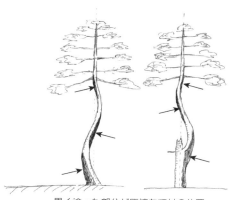

黒く塗った部分が圧縮あて材の位置

図 6.28 幹が S 字を描くときの圧縮あて材の形成位置

写真 6.2 わずかに S 字を描いている若いトドマツ

る。さらに圧縮あて材では S_3 層が欠けている。

　このように，傾斜後に形成される年輪では幹の下向き側がずっと幅広く，構成細胞が軸方向に伸びるのに対して，傾斜の上向き側ではわずかな年輪成長しかせず，しかも細胞も軸方向に伸びることをしないので，樹木は下から押し上げられるように体を曲げる。幹の先端が根元の中心の真上にくると，幹上部は少し行きすぎてから逆方向に体を曲げ，わずかながらも S 字を描くようになる（**写真 6.2**）。その場合，圧縮あて材は**図 6.28**の位置に形成されている。

③ 広葉樹の引張りあて材

　広葉樹では傾斜した幹や枝の上向き側に引張りあて材が形成され，その断面は**図 6.29**のように上向き側が広くなっていて，全体で洋ナシ型をしている（**写真 6.3**）。引張りあて材は仮導管細胞や繊維細胞の細胞壁中のリグニン含量がきわめて少なく，S_2 層のミクロフィブリルの配列は軸方向に対してほぼ平行になっている（**図 6.30**）。ミクロフィブリルはばねのように細胞を収縮させる性質をもつので，幹全体がちょうどロープで引張られたように体を曲げて起こす。引張りあて材は幹と枝の間でも形成される（**図 6.31**）が，幹下部の水平

横に長く張り出したスダジイの枝
の断面に見られる引張りあて材

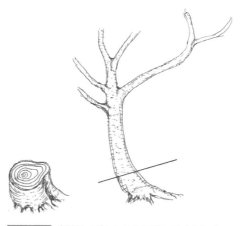

図 6.29　傾斜した幹の上向き側に形成される
引張りあて材

洋ナシ型

図 6.30　引張りあて材の断面
の年輪分布

引張り
あて材

方向に長く伸びた太い枝の基部では形成され
ていないことがある。しかし，引張りあて材
は初めから形成されていないのではなく，て
この原理で枝が自重で少しずつ先端が下がり
はじめ，上向き側の組織が縮むのではなく伸
ばされるようになると形成されなくなる（**図
6.32**）。なお，引張りあて材は後述する入り皮の叉でも形成されず，複数の樹
木が近接して成長し根元がくっついているような場合も形成されない。

　サクラ類など，多くの広葉樹類は老木になれば多少とも枝垂れる性質がある
が，エドヒガンの一品種であるシダレザクラは**図 6.33** のように若いときから
枝が枝垂れる性質がある。いくつかの広葉樹の種では，幹と枝，枝と小枝の間
すなわち叉の部分に引張りあて材が形成されないために枝垂れると考えられて
いる。シダレザクラにジベレリンという植物ホルモンを与えると枝が枝垂れず
に立ち上がることから，シダレザクラはジベレリンを順調につくることができ
ないためにあて材を形成できないが，ジベレリンの投与によって叉の部分に引

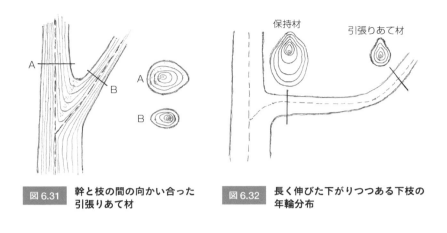

図6.31 幹と枝の間の向かい合った引張りあて材

図6.32 長く伸びた下がりつつある下枝の年輪分布

張りあて材を形成できたことによって枝が立ち上がったと考えられている。枝垂れ性樹木の垂れ下がった枝の細胞壁にはリグニン含量がきわめて少なく，一方，セルロース含量は多く，やわらかく柔軟性に富み，圧縮荷重にはほとんど抵抗性をもたないが，引張り荷重

図6.33 シダレザクラの枝ぶり

には高い抵抗性をもつ。ただし，シダレザクラでも立ち上がる枝は必ず発生する。そうでなければ大きくなれない。しかし，その枝の立ち上がりも長くは続かず，しばらく立ち上がってから横向きになり，次いで枝垂れるようになる。おそらく引張りあて材形成が長くは続かないのであろう。ほとんどの樹木が老木になると多少とも枝垂れるようになるのは，ジベレリンの生産量の相対的な低下が関係しているのかもしれない（図6.34）。

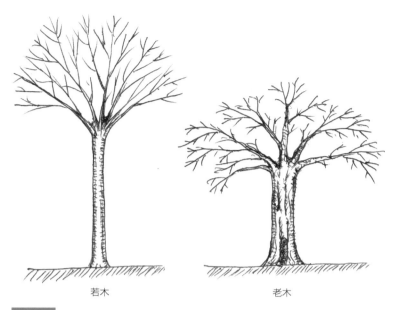

若木　　　　　　　　　　　　　老木

図6.34　若木と老木の枝ぶりの違い

④ あて材に対応する根系の形態

　幹下部の湾曲部にあて材が形成されるためには，根系の発達が重要な前提条件となる。針葉樹の場合，圧縮あて材が形成されるには，根系が傾斜の下向き側の土壌に太く大きく発達する必要があり，広葉樹では傾斜の反対側の土壌に広く長く発達する必要がある。傾斜面に生育する樹木の場合，スギやヒノキなどの針葉樹の根系を模式的に示すと**図6.35左**のようになり，広葉樹では**図6.35右**のようになる。また，同じ針葉樹でもクロマツ，アカマツ，リュウキュウマツなどは他の針葉樹と少し形態が異なり，やや傾斜側に寄ったところから垂下根を深く伸ばそうとする傾向がある（**図6.36**）。

　切り通しの崖縁に立っている針葉樹の場合，本来ならば下向き側に突っ張るような根を伸ばしたいのであるが，そこに土壌はないので根を張ることができず，山側に根を伸ばさざるをえない。そのような木の根元近くは針葉樹でも年輪が**図6.37**のようになっており，広葉樹の引張りあて材のような年輪状態となる。そのとき，幅の広い上向き側の材にはリグニンが少なくなっている。多

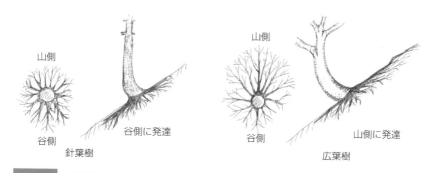

図 6.35 傾斜面に育つ針葉樹（左）と広葉樹（右）の根系の模式図

山側

谷側

針葉樹

谷側に発達

山側

谷側

広葉樹

山側に発達

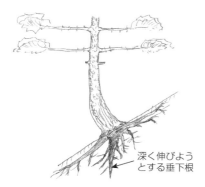

図 6.36 傾斜面に育つマツ類の根系の模式図

深く伸びようとする垂下根

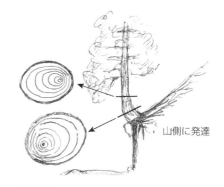

図 6.37 崖の縁に立つ針葉樹の根元の年輪分布とその上部の年輪分布

山側に発達

雪地帯の傾斜面に生育するスギ林では，斜面を移動する雪のために著しい根元曲がりが発生するが，そのときの幹と根の状態は**図 6.38** のようになっており，幹の途中から不定根を発生させて体を支えている。しかし，根元近くに岩盤などがあって不定根を伸ばすことができないようなときは，年輪は前述の崖の縁の木のように山側が広くなっている（**図 6.39**）。このような状態の木でも，その部分より少し上の断面では圧縮あて材が形成されている。

　広葉樹の幹下部に引張りあて材が形成されるには，前掲**図 6.35 右**のように傾斜の反対側に広く長い根系が発達する必要があるが，もし傾きと反対側に根系を発達させられないときは，針葉樹の圧縮あて材のように，傾きの下側が広くなる。そのようなときの引張りあて材は**図 6.40** の位置に形成されている。

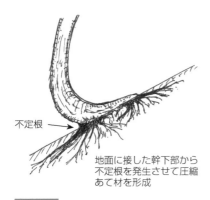

不定根

地面に接した幹下部から
不定根を発生させて圧縮
あて材を形成

図 6.38　多雪地傾斜面に生育するスギ

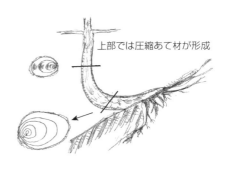

上部では圧縮あて材が形成

図 6.39　岩盤のために押し上げる根を形成
できない針葉樹の特殊な年輪分布

　針葉樹と広葉樹で異なるあて材形
成は遺伝的に規定されていることで
あるが，前述のように樹木はきわめ
て柔軟性に富んだ材形成を行い，立
地環境に巧みに適応していることが
わかる。引張りあて材のように見え
る針葉樹の年輪の偏り，圧縮あて
材のように見える広葉樹の年輪の偏
りについては特に名称を与えられて
いないが，Mattheck 博士は support

上部では引張りあて材を形成

図 6.40　引張る根を形成できない広葉樹の
根元とその上の年輪分布

wood と表現しており，直訳すると "保持材" あるいは "支持材" となる。

⑤　なぜ針葉樹林より広葉樹林のほうが斜面崩壊を防ぐといわれるのか

　前掲**図 6.35 左**に示すとおり，斜面に立地する針葉樹人工林の根系は根元よ
り谷側に広く発達するようになっており，この根は土壌に突き刺さるようにし
て樹体を支えているので，根系の範囲はおおむね狭い。ちょうど丸太支柱で樹
木を下から支えるときに，丸太は土壌中に浅く突き刺すだけでよいのと同じで
ある。一方，広葉樹林では山側に扇形に広がっていてワイヤーロープで樹木を
支えるのと同様の根を発達させている。ワイヤーロープの場合は丸太よりはる

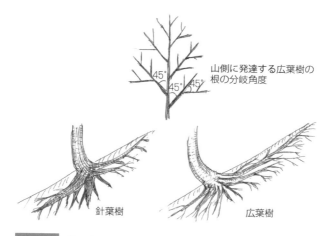

山側に発達する広葉樹の
根の分岐角度

針葉樹

広葉樹

図6.41 針葉樹と広葉樹の根系の固定機能

かに細くても樹体を支えることができるが，頑丈なアンカーを引張り角度を大きくして土壌中に固定しなければ抜けてしまうのと同じで，広葉樹の根は**図6.41**のように大きな引張り強さをもって土壌をしっかりと掴んでいる。このような根系の形の差が，広葉樹林のほうが土壌をよく固定し斜面崩壊を防ぐといわれる所以と考えられる。しかし，たとえ針葉樹人工林であっても，よく管理されて適正な立木密度を保ち林床植生がよく発達していれば，林床の広葉樹灌木の根が土壌を固定し，さらに個々の針葉樹の根系も広く張ってしかも互いに癒合して根系ネットワークを形成するので，広葉樹天然林に劣らない土壌保全機能をもっている。ゆえに針葉樹林のほうが広葉樹林よりも崩壊しやすいと単純に決めつけてはならない。

6 あて材の年輪の特徴

針葉樹の圧縮あて材では，傾斜下向き側の年輪幅が広く，傾斜上向き側では狭いが，幅の広いもっとも高い圧縮応力が働いている部分では，早材部分も淡褐色を呈していて晩材と区別がつきにくい状態が見られる。これは圧縮あて材部分の早材の仮導管細胞壁が晩材と変わらないほど厚くなり，リグニンが沈積して硬くなった状態である。

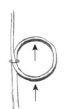 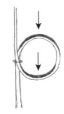 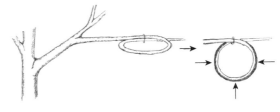

| 図 6.42 | 垂直の茎をループ状に曲げたときに形成されるあて材の位置 | 図 6.43 | 広葉樹の茎を水平にしてループ状にしたときに形成される引張りあて材の位置 |

　広葉樹の引張りあて材では，傾斜した幹の上向き側が広くなっており，早材部分は白っぽくなっていて 鋸（のこぎり）を入れると毛羽立ち，乾燥すると絹のような光沢を生じる。晩材は幅が狭く色が薄くなっており，早材との区別がつきにくい。

　前述のように，傾斜した針葉樹でも圧縮側に幅広い年輪を形成できず，引張り側の年輪が広くなっていることがあるが，その部分では晩材でもリグニンは少なくなっている。一方，広葉樹でも引張り側に幅広い年輪を形成できず，圧縮側の年輪が広くなっていることがあるが，その部分では細胞壁は厚くなっており，リグニン含量が多くなっている。

　あて材は遺伝的に規定されているが，その発現には重力がもっとも大きく影響している。Jaccard が 1938 年に行った古典的実験では，**図 6.42** のように垂直に立てた針葉樹の茎をループ状に曲げて固定すると圧縮あて材はループ部分の下向き側に形成され，組織が圧迫される部分ではなかった。広葉樹の茎を同様に曲げると，引張りあて材はループ部分の上向き側に形成される。しかし，圧縮，引張りの力がまったく関係ないというわけではなく，Lachaud が 1986 年に行った実験では，広葉樹の茎を水平にしてループ状に固定すると，引張りあて材は外側の引張り部分に形成されたという（**図 6.43**）。

❼ 傾斜木の枝ぶり

　樹木は幹が傾斜すると，それを支えるためにあて材を形成して幹を湾曲させ，頂端がまっすぐ上を向くように体勢を立て直そうとするが，それと同時に枝ぶりも変える。スギ，トウヒ，ヒマラヤスギなど，単軸分枝が明瞭で直直な樹幹をもつ針葉樹の場合，幹がひどく傾斜すると**図 6.44** のように傾きの下向き側

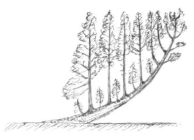

図 6.44　幹が著しく傾斜した針葉樹の枝ぶり：ハープツリー

写真 6.4　竪琴の弦のような幹のヒマラヤスギ（ハープツリー）

についていた枝は枯れ，上向き側の枝のみ生き残り，それらの枝は垂直に伸びて，ちょうど竪琴（たてごと）の弦のようになる（**写真 6.4**）。

　Mattheck 博士はこれを "ハープツリー" と呼んでいる。同じ裸子植物でもイチョウの場合は**図 6.45** のように傾き側の枝の成長が抑制され，上向き側の枝が斜め上方にそっくり返るように伸びて，根元の中心の上に幹の重心がくるようにしている。多くの広葉樹は，幹がひどく傾いた場合，枝ぶりは**図 6.46** のように傾きの下向き側の枝が枯れ，上向き側の枝は傾きと反対側に傾斜して成長し，根元

図 6.45　幹が傾斜した太いイチョウの枝ぶり

の真上に地上部の重心がくるようにしている（**写真 6.5**）。しかし，根元近くから発生したひこばえはほぼ垂直に成長する。

　枝は基本的に傾斜しているが，ほぼ鉛直に立って幹になろうとしている状態のときは水平あるいは緩傾斜の小枝を出す（**図 6.47**）。しかしソメイヨシノの水平方向に伸びた大枝でしばしば見られるように，大枝がほぼ水平のときは上方に伸びる小枝を出し，大枝の下向き側にはほとんど小枝が出ない（**図 6.48**）。この水平の大枝の下向き側に枝が出ない現象には光が関係しているが，オーキシン，サイトカイニンなどの植物ホルモン，オーキシン阻害物質などの濃度も深く関係していると考えられている。セイヨウトネリコの若木を寝伏せ状態に固定すると，**図 6.49** のようにまっすぐ上に伸びる枝が出る。この枝を，側芽

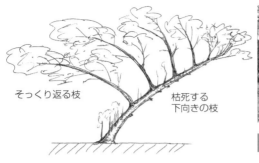

そっくり返る枝

枯死する
下向きの枝

写真 6.5　傾斜した幹から発生する広
　　　　　葉樹の枝

図 6.46　幹が著しく傾斜した広葉樹の枝ぶり

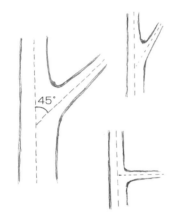

45°

図 6.47　垂直に伸びた枝から出る
　　　　　小枝は 45 度前後の角度
　　　　　で出るものが多い

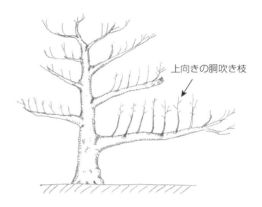

上向きの胴吹き枝

図 6.48　ほぼ水平方向に伸びた大枝から発生す
　　　　　る上向きの枝

ステッキになる

図 6.49　寝伏せ状態の幹から発生する垂直に伸びる枝

を摘みとって側枝が発生しないようにしてある程度の太さになったときに切ると T 型のステッキになる。幹がほぼ水平方向に傾いた状態であっても，先端が空中に浮いていて風で幹が揺れる状態であると，枝は根元のほうにそっくり返るように曲がり，重心を少しでも根元の真上に近づけるようにする傾向があるが，下向きの枝が地面について幹が揺れなくなると垂直の枝を伸ばすようになる。

⑧ 林縁木と海岸の風衝傾斜木

北海道の海岸に生育するカシワやミズナラの樹幹は**図 6.50** のようになっている。これは海から吹く強い潮風と飛砂によって海側の芽と頂芽が枯れ，風下側の側芽のみが生き残り，この側芽が，頂芽優勢が崩れたために新たな主軸になろうとして立ち上がり，さらに翌年も海側の芽と頂芽が枯れて，生き残った風下側の芽が立ちあがる（**図 6.51**），ということを毎年くり返し，それが太く成長するとこのような幹形になる（**写真 6.6**）。

海岸のクロマツ林を見ると，前述のカシワ林と同様，ほとんどの

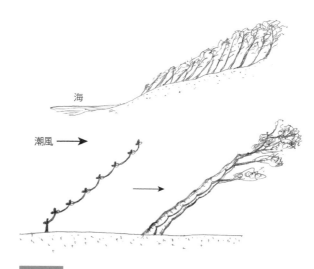

| 図 6.50 | 北海道の海岸砂丘のカシワ・ミズナラ林の幹形 |

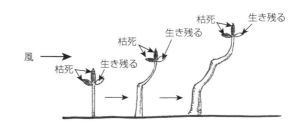

| 図 6.51 | 頂芽と風上側側芽の壊死および風下側側芽の成長 |

木が内陸側に傾斜してい
るが，その傾斜のメカニ
ズムはカシワ林とは異な
る。クロマツの新梢はや
わらかく，強い潮風によ
り内陸側に曲がる。しか
し，クロマツは極度の陽
樹なので，内陸側の隣接
木に接するほどには近づ
かず，あて材を形成しな
がら幹を湾曲させて先端

写真 6.6 　幹がすべて内陸側に傾斜している北海道の海岸砂丘にあるカシワ林

を垂直にしようとする。このようにして海
岸林全体が内陸側に傾斜する（**写真 6.7**）
が，内陸にいくほど傾斜は弱まり，幹の湾
曲度も小さくなる（**図 6.52**）。海岸クロマ
ツ林のなかに入って個々の幹の傾斜方向を
見ると，すべてが内陸側に傾いているので
はなく，ところどころ海側に傾斜している
木がある（**図 6.53**）。これはクロマツが極
陽樹のため，たまたま倒伏や枯損が生じて
林冠に穴が開いたときに，海側の方向に幹
を曲げたほうが多くの光を受けられる状態
が発生すると海側に体を曲げる個体が生じ
るからである。

　落葉広葉樹林の林縁木を見ると，前掲**図
2.3**のように林外に向かって湾曲している
ことが多い。これを光屈性という。光に対

写真 6.7 　樹木が内陸側に傾斜して
いる海岸のクロマツ林
（サーベルツリー）

する要求量の大きい樹木は，基本的にはマイナスの重力屈性を示しながらも光
量の多い方へと幹を曲げ，真上からも十分に光が受けられる位置にくるとまっ
すぐ上を向いて成長する。スギやモミのように耐陰性の高い高木性針葉樹は強
いマイナスの重力屈性を示し，天蓋のように上を覆っている隣接木の樹冠を無
視してまっすぐ上に伸び，いつしか自分を覆っていた樹木よりも高く成長して

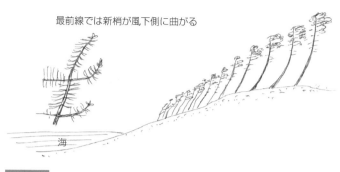

最前線では新梢が風下側に曲がる

海

図 6.52　海岸のクロマツ林の幹形

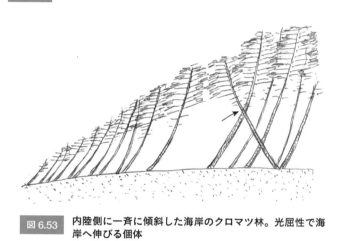

図 6.53　内陸側に一斉に傾斜した海岸のクロマツ林。光屈性で海岸へ伸びる個体

枝葉を自由に四方に伸ばすようになる（前掲**図 2.2**）。

03　樹林樹木の環境保全機能

　樹木およびその集団である森林・樹林は次に示すように多種多様な機能を有し，人々はこれらの機能からきわめて大きな恩恵を享受している。これらの機能はひとつひとつを見れば森林・樹林以外の他のものでも代替可能であろうが，これらの機能をすべて兼ね備えるものは森林・樹林以外にはない。

炭素固定機能　大気中二酸化炭素濃度の増大は近年の温暖化と気候変動の主因とみなされている。その大気中二酸化炭素をとり込んで光合成を行い，幹・枝・根に木材として，土壌中に土壌有機物（主に腐植）として，温室効果ガスである二酸化炭素を長期間貯蔵している。この機能はすべての森林・樹木が有する基本的な機能であるが，近年この機能が注目される理由は，人々の急速な地球温暖化への危機意識である。この機能は良好な樹林状態を長期に維持することと，木材を長期間有効に使うことで達成される。

水源涵養機能　腐植に富んだ土壌は降水を地下に浸透させて地下水を涵養し，濾過機能によって水質も保全される。樹林の根系，腐植および土壌生物が相互に作用しあって土壌を膨軟にし，植物が土壌水分を吸収し大気中に放出することにより，土壌の保水力は維持される。なお，水源涵養機能は土壌の膨軟さだけではなく，その下の岩盤の亀裂の大きさも深く関係している。

土砂流出防止機能　厚い有機物層（O層あるいは A_0 層）と腐植に富んだA層をもつ浸透能の高い森林土壌は，雨水の表面流を防ぎ，土砂が河川に流れ込むのを阻止する。さらに林床植生によって表土の水食や風食が防がれている。この機能は防風機能や飛砂防止機能と深く関連している。

防風機能　強風を弱めて作物などの収穫を可能とし，人の体感温度の低下を防ぐ。特に春の植物の芽出し時期における防風機能はきわめて大きな意味をもつ。北海道の十勝地方における，農地を囲む碁盤の目のような整然とした防風林が有名である。樹林の防風機能は，適正に密度管理されている樹林であれば，風下側で樹高の30倍，風上側では樹高の数倍に達するといわれている。

飛砂防止機能　砂粒や土壌粒子の移動を防ぎ，塵埃（じんあい）の立つのをしずめ，微小な浮遊塵埃を枝葉に付着させたり地表に落下させたりする。早春，乾燥する武蔵野台地の畑から春一番によって巻き上がる砂塵は樹林が農地を囲むことによってかなり抑制される。特に冬期から早春にかけての「馬糞風（ばふんかぜ）」（北海道での呼び方）により，作物収穫後の裸地化した農地では激しい風食（ふうしょく）が生じる。よって，全国各地で森林・樹林の飛砂防止機能は重視されてきた。海岸林は海からの強風による砂丘の飛砂を海岸林内に落下させることによって内陸側の田畑や住宅地を守る機能が期待されている。早春，ユーラシア大陸内陸部で発生し，日本にも影響を与える黄砂は強風による土壌の風食である。

防潮機能　特に海岸林では，海から風に乗って内陸に運ばれる塩分を枝葉が捕捉することによって，海岸林より陸側の田畑や樹林の塩害を防ぐ効果が期待

されている。植物は春の芽出し時期が最も塩害を受けやすいので，早春に葉のない落葉樹よりは常緑樹のほうが高い機能が期待される。また常緑広葉樹は落葉広葉樹よりもクチクラ層が厚く葉が丈夫なので，塩害には抵抗性が高い。

防霧機能　　海から運ばれてくる霧を樹木の枝葉が捕捉することによって濃霧の発生を防ぎ，農作物が育つようにする機能であるが，北海道の根室地方や釧路地方の海岸における防霧林が有名である。寒冷地で作物の成長期に濃霧が発生すると，日照を遮り，低温により作物が十分に育たないことが多い。枝葉の細かい高木性樹種が適しているとされている。

津波・高潮緩和機能　　以前は海岸林の機能としてはあまり意識されていなかったが，東日本大震災やスマトラ沖大地震の発生により，海岸林がもつ津波を緩和する機能が注目されるようになった。海岸の砂丘林やマングローブ林の有無によって津波被害の程度がかなり異なることが多く報告されている。

生態系保全機能　　哺乳類，鳥類，昆虫類，着生植物など多様な生物が複雑な生態系を形成しながら永続的な生活ができる環境を形成する。生態系保全機能は林冠構成樹種の多様性，林冠の高さ，階層構造，立木密度，林床植物の種類等によって変わるが，林冠の光線透過率が高く林床植生が多様で繁茂しているときに高い傾向を示す。この機能は極相林が最も高いというわけではなく，人が上手に管理すれば人工林でもこの機能を高めることができる。

生物の多様性の保全　　森林・樹林は多様な種，品種の永続的な生存を可能とする。前述の生態系保全機能と密接に関連しているが，基本的に林分構成種の豊かさと林床植生の豊かさが多様な生物種の生存を可能とする。種的多様性と自然度の高さとはイコールではなく，森林樹木の部分的な伐採除去や地表での落ち葉かきが行われ，さらに定期的に森林の密度管理が行われながらも，全体的には壮齢木主体の森林，若木主体の森林，伐開地の草原状態等が組み合わさることによって植生は豊かになり，そこに棲む動物の種類も増え，自然度は低いものの種的多様性は高く維持されることが多い。

気温上昇緩和機能　　葉から蒸散される水分の気化熱すなわち蒸発熱によって気温上昇を緩和する。都市のヒートアイランド現象を緩和させるひとつの方策として，樹林のもつこれらの機能が着目されている。さらに，樹林の林冠は地表からの輻射熱の放出を抑制する。

大気汚染物質吸着機能　　枝葉が硫黄酸化物，窒素酸化物，オキシダントなどの大気汚染物質を吸収・吸着し，また林内を流れる風を弱めることによって汚

染物質が付着した塵埃を林床に落下させて，汚染物質の人への影響を弱める機能である。

防音機能　道路や工場から発生する騒音を緩和する。特に人の耳の高さの枝葉密度が高い樹林（低い枝や林床の低灌木が十分に残されている樹林）でこの機能が大きい。一般的に，防音機能が大きいと，次の防臭機能も大きい傾向がある。

防臭機能　畜産施設，屎尿処理施設，下水処理施設，工場，道路等から発生する臭気を緩和する。低い位置の枝葉密度の高い樹林でこの機能が大きい。

遮蔽機能　人の視線を遮り見えにくくし，また立ち入りを困難にしてプライバシーを守る機能である。この機能を利用したものがよく管理された生垣である。

庇陰提供機能　日陰をつくり，人や動物を夏の強い日射から守り，強い乾燥状態を発生させないようにする。街路樹や公園木にはこの機能が期待されているが，近年，台風前や真夏に枝葉を切除する街路樹管理が多く，最も日陰がほしい時期に街路樹が日陰を提供できないという矛盾が生じている。

防火・類焼防止，避難路確保機能　葉や枝に含まれる水分によって熱を遮断し，また樹木が燃えはじめるまで時間をかせぐことによって人の逃げ道を確保する。山形県酒田市の大火（1976 年 10 月）や兵庫県神戸市の大震災（1995 年）のときに屋敷林や公園木で延焼防止の効果が認められた。

林産物生産・供給機能　建築木材，家具材，樽・桶の材，薪炭，きのこ，薬用植物，果実，松脂，線香（スギの葉など），桧皮葺・杉皮葺のための樹皮（ヒノキ，スギ），蜜源などを供給する。

魚つき機能　魚介類などの海産物の生産力を高める。

景観形成機能　景観を向上させ，人の心を和ませる。

ランドマーク機能　移動する人間の目標となり，位置を明らかにする。

森林浴やレクリエーションの場　樹木から発散されるさまざまな物質（主にモノテルペンやセスキテルペン）や葉の緑色，木立の景観が人の心を和ませ健康を増進し，精神的安定と疲労回復を図る。また，森林を利用した多様なレクリエーションの場や休憩場所となる。

研究や学習の場　科学的・文化的な研究・学習の場を提供する。

有用微生物の棲息場所と未利用生物資源の遺伝子保存　抗生物質など重要な医薬品の多くは森林土壌に棲息する微生物に関する研究を基にして製造されて

いる。

　以上の諸機能の大きさは，樹林の高さ（林冠の高さ），林冠構成木の密度や
太さ，林床植生の状態等に左右されるが，特に林冠構成樹木が樹高，直径とも
に大きければ大きいほど諸機能が高い傾向がある

04　森林の保水力

　植物は太陽の光エネルギーと二酸化炭素および水を使って光合成を行って最
初にブドウ糖をつくり，それを原料としてさまざまな有機物をつくって植物体
を構成し，また生活のためのエネルギーを得ている。森林は樹木や草本の集団
であり，森林全体では膨大な量の有機物を生産している。そして，樹木は光合
成を維持するために根から水分を吸収し，葉で消費してから残りを葉の気孔を
通じて蒸散する。葉から蒸散する水の量は，樹木が光合成で直接使う水の量の
50倍から200倍，平均して約100倍にもなる。なぜそのように大量の水を蒸
散させるのであろうか。実は，森林土壌の隙間にある水（土壌水）に溶けてい
る窒素（硝酸イオンやアンモニウムイオン）や各種ミネラル（リン酸，カリウ
ム，カルシウム，マグネシウム，硫黄などのイオン）はきわめてわずかしかな
く，ほとんど真水に近い状態なので，光合成を正常に営むために必要なこれら
の栄養塩類を十分に得るためには多量の水を吸収して葉から水を蒸散させなけ
ればならないのである。塩類は水といっしょに蒸発することはないので，盛ん
に蒸散することによって葉内に必要な栄養塩類を集めることができる。またも
うひとつ大きな理由がある。それは光合成には適した温度があることである。
日本に自生する植物の大部分はだいたい5℃以上で光合成を開始し，25℃前後
の時に最も盛んに光合成を行い，25℃以上になると徐々に光合成速度が低下
し，40℃以上になると急激にその機能を失ってしまう。ところが，直射日光
に当たっている物体の表面温度は，夏などでは50℃以上になることがある。
真夏の日中に小石を触るとやけどをするほど熱いのは誰もが知っていることで
ある。しかし同じ時に樹木の葉の直射日光の当たっている部分を触っても，石
の表面のような熱さを感じない。それは樹木の葉から大量の水が蒸散されてい
て，蒸発熱（気化熱）で葉面を冷やし，光合成を正常に行えるようにしている

ことと，葉の細胞の断熱効果が高いことが大きな理由となっている。このように植物は大量の水を消費するが，その水をほとんどを土壌から吸収する。しかし普通，森林樹木の根が伸びている部分の土壌を掘ってみても，水が溢れ出るようなことはない。特に高温と乾燥が続く盛夏期に森林土壌を掘って触ってみるとかなり乾いているのがわかる。ところが，樹木のほうは高温乾燥のときにこそ大量の水を必要とする。この矛盾を樹木は次のように解決している。

　樹木の根のうち養水分を吸収することができるのは，根の先端のまだ表面がコルク化してなく色の白い長さ数 mm から十数 cm 程度の細根部分のみである。よって，根は何度も分岐をして根の先端の数を増やし，養水分吸収機能を高めている。普通，乾燥しやすい土地に生活する樹木ほど，根の分岐を多くして細根数を増やし，細根の直径も小さな土壌孔隙から水分を吸収できるように小さくなる。森林樹木の細根の直径は，細いものは 0.2 mm ほどしかない。しかし，細根の部分は時間が経つとほとんどが死に，生き残るものも太くなって表面がコルク化するので，根が養水分を吸収し続けるには絶えず先端を成長させ，側根を分岐して細根をつくり続けなければならない。寒冷地では冬季の間，樹木の地上部は休眠状態になっているが，強い季節風により樹体表面から水分が抜けていくので，厳冬期でも根は休眠せずに少しずつ伸長し，水を吸収している。春から秋にかけての，葉からの蒸散が盛んに行われている時期，根は盛んに伸長分岐し，細根部分を増やしながら盛んに水を吸収する。

　一方，雨が降っても少量の雨の場合，雨水のほとんどが樹冠の枝葉に付着してそのまま蒸発し，地面に落ちて来ない。ゆえに，根のあるところとないところでは，根のあるところのほうが乾いているのが普通であり，樹冠に覆われているところと覆われていないところでは，覆われていないところのほうが地面に到達する降水量は多くなっている。樹木は基本的には慢性的な水不足に陥っているが，時折降るまとまった量の雨のときに樹冠から滴り落ちる雨垂れと幹を伝わって根元に流れ落ちる樹幹流を効果的に集めて根に供給し，その不足を補っている。樹木の枝ぶりを見ると，**図 6.54** のように若い活力のある上方の側枝は斜め上に伸びているが，この形が漏斗の役割を果たし，樹幹に雨水を集めて，根元に供給している。また，下方に垂れさがった枝は雨垂れを樹冠の範囲の細根の多い部分に供給している。霧や雲の多く発生する所に生育する樹木は空中に漂う水滴を枝葉で捕捉して根に供給するが，特にスギは細い針葉を枝に沢山つけることによって枝葉の表面積を大きくし，空中に浮かぶ微小な水滴

を効率よく捕まえることができる。

　しかし，樹木が大きく成長するために必要な水はそれだけではとても足りない。そこで樹木は，地下水脈から毛管現象で上昇してくる水や土壌の小さい隙間に保持されている水を利用しようとする。ところが，毛管現象によって水を上昇させたり長時間保持したりすることのできる土壌孔隙の直径は細根の太さに比べてずっと小さく，0.1 mm程度よりも小さいので，毛管孔隙中に細根を伸ばすことはできない。そこで樹木は細根の表皮細胞から根毛という微細な突起を無数に伸ばして毛管孔隙の水

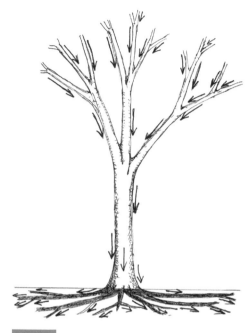

図 6.54　樹冠の枝ぶりは集水装置

を吸収しようとするが，根毛は短いので，あまり効率よく水を吸収することができない。ゆえに"菌根"のはたらきが重要である。菌根は菌類と根が共生している状態であり，根系先端の細根部分に形成され，表面がコルク化している部分には形成されない。菌類は細根を菌糸で覆ったり，あるいは細根組織のなかに菌糸を侵入させたりして，樹木から糖やアミノ酸などの栄養物をもらい，一方では肉眼では見えないほど細い菌糸を土壌の毛管孔隙中に無数に伸ばして毛管水を吸収し，根に供給する。ほとんどすべての樹木がさまざまな菌類と共生して菌根を形成しており，草本類を含めても大部分の維管束植物が菌根を形成する（維管束植物の 90%程度の種と考えられている）。

　樹木が生活するには水が不可欠だが，日本のように雨の多い地域でも樹木は多大な努力をして水を集めている。特に斜面に生育する樹木にとって雨はすぐに流れ去ってしまうので，どんなに雨が多くても，それだけでは足りない。土壌表面に降った雨水が土壌表面を流れずに土中に浸み込み，浸み込んだ雨水が土中に保たれ，あるいは地下深くに浸透して地下水を涵養し，地下水面から毛

管現象で上昇して樹木に供給され続けなければ，大台ケ原や屋久島のように年間 4,000 〜 5,000 mm，あるいはそれ以上もの降水がある地域でも樹木は十分に水を得ることができない。そこで問題になるのが森林の保水力，正確には"土壌と岩盤"の保水力である。

　森林の保水力は，まず森林土壌が雨や雪の水を速やかに下方の地下水脈まで浸透させることができるかということが問題になる。土壌表面に降った水がそのまま斜面を流れ下ってしまったのでは，植物は水を十分に利用できず，地下水も涵養されない。雨水が速やかに土壌中に浸透して行くには，まず，土壌表面が落枝落葉の堆積物と，それらが微生物によって分解されてできる腐植によって覆われ，大粒の雨滴でも土壌粒子が跳ね上がることのないように，また水をすぐに吸い込むことのできるようにスポンジ状になっていなければならない。山の斜面では，林床に生育する多様な草本類や灌木類の茎や根，あるいは菌類の菌糸が，そのスポンジのはたらきをする堆積物が流れ去るのを抑えている。次に，土壌中を水が速やかに下方に移動するための大きな隙間が連続して地下水面まで続いていなければならない。普通，樹木の盛んな蒸散によって森林土壌の孔隙はかなり乾いているが，それによって大雨のときに水を浸透させることができる。もし十分に乾いていなければ，水を含んだスポンジのように，それ以上水を吸収することができない。さらに，細根や菌根菌が水分を吸収するためには，毛管現象で水を上昇させたり保持したりする小さな孔隙がなければならない。

　根が養水分を吸収するためには多大なエネルギーが必要で，そのエネルギーは酸素呼吸によって糖を分解することから得ているが，根の呼吸は吸収する水に溶けている酸素（溶存酸素という）で行われており，空気中の酸素を直接使っているのではない。よって，樹木の根が健全に生活するためには，①降った雨が表面流去をしないふかふかのスポンジ状態の有機物層，②土壌中に十分な水を保持するたくさんの毛管孔隙，③さらに降水が土壌中を速やかに下降して地下水を涵養するとともに，土壌水分に新鮮な空気を供給する大きな孔隙の3つが揃う必要があり，ある意味ではとても贅沢な土壌環境である。そのような条件をすべて揃えているのが森林土壌である。

　ブナ林などの広葉樹林とスギ林を比べると，広葉樹林のほうが保水力が高いということがしばしばいわれているが，森林水文学などにおける科学的調査の結果を総合すると，たとえスギやヒノキの人工林であっても，よく管理されて

立木密度が適正に保たれ，林床植生が豊かな状態であれば，天然生広葉樹林に劣らない浸透力のあることがわかっている。スギ・ヒノキ人工林で問題になるのは，林業が経済的にほとんど成り立たないために放置され，間伐や枝打ちがなされずに過密状態になり，林床が暗くなりすぎて林床の灌木や草本が消滅し，表層土壌のスポンジ効果もなくなってしまい，表面流去水によって土壌が流され，植林木の根が露出して風倒しやすくなったり石礫が落下しやすくなったりすることである。

広葉樹林と針葉樹林の違いはいろいろあるが，最も大きな違いは斜面における根の形である。広葉樹は斜面の山側（その木より上側）に広く扇型に樹体を引張り起こすような根を発達させるのに対し，針葉樹は谷側（その木より下側）に下から支える根を発達させる。この根系の形の違いが斜面の表層土壌をつかむ機能の差として現れ，ひいては崩壊を防ぐ機能の差として現れ，広葉樹林の方が土壌表面の崩壊が少ないといわれる理由になっている。しかし，たとえ針葉樹の人工林であっても，適正な密度が保たれ樹冠がよく発達していれば，根系もかなり広く張り，しかも互いに癒合して根系ネットワークを形成するので，広葉樹林より表面の石礫が崩れやすいということはない。ゆえに，この根の形の違いは直接的には森林の保水力に関係していない。

乾燥が続く盛夏期，山道を歩いているとところどころに水が湧き出している。渓流の水は雪解け時期や梅雨期よりは少ないものの，かなりの量が流れている。この水はどこからくるのであろうか。森林の土壌を掘っても水が湧き出すわけではないので，一般的に考えられている森林土壌の保水力だけでは説明できない。実は，岩盤の亀裂に貯留された地下水が徐々に流れ出しているのである。岩盤に亀裂があると，そこに水が浸み込んでいく。そして水を透さない層があると，その上部に溜まる。これが地下水である。地下水が豊富か否かは地形，不透水となっている層の位置と傾斜度，供給される水の量，地層の亀裂の多さ，流れ出る速さなどによって決まる。山の斜面には，水を集めやすい地形と水を集めにくい地形がある。また，ある沢では水が豊富に湧き出しているのに，同じような地形の別の沢では湧き出していない，ということがある。これは不透水層を形成している地層の傾斜方向が深く関係している。不透水層をなす地層が傾いている場合，ある沢では豊富に水が湧き出し，同じ山の反対側斜面の沢では水は豪雨のときにしか流れないということがある。

7 | 林分の密度管理

01 間伐の意義

1 林業的意義

スギ，ヒノキなどの人工林は 1 ha あたり，通常 3,000 本（1 本／1 坪）から，多い場所では 10,000 本（1 本／1 m²）も植林される。仮に，植林時の本数そのままで長期間成長させると，すべての個体が，樹冠が小さく枝下高の高いマッチ棒状態で成長し，樹高は高いが幹は細く，風折れや雪折れにきわめて弱くなり，林床植生は消滅して，雨滴（林内雨）による土壌流亡が激しくなり，台風などで林分全体がひどい被害を受けやすくなる。このことは，耐陰性樹種を遺伝的に同一で個体間の形質的差が小さく，成長に優劣が生じにくい挿し木（同一クローン）で一斉造林した場合に顕著である。ただし，同一林分内でも土壌環境や地形環境に差がある場合は挿し木苗でも成長に差が生じやすい。

遺伝的に多様な実生苗造林や天然更新林は成長にばらつきが生じ，優劣が生じやすいので，挿し木造林ほど顕著に現れることはないが，それでも放置された植林地では同様の問題が生じることが多く，天然更新地でも同様のことが起きる可能性がある。ゆえに，森林・樹林の場合，密度調整すなわち間伐はきわめて重要である。以前は，植林後最初の間伐で得られた材はまだ細いので，磨き丸太，皮むき丸太にして，床柱，造園の支柱材，建築の足場丸太，杭材などに利用され，肥大成長の進んだ 2 回目以降の太い間伐材は製材されて柱材，板材，梁材，垂木材などに利用された。しかし，近年の著しい原木価格の低迷と

山林作業における労働人員の不足は，林木を伐倒し林外に搬出することを困難にさせている。その結果，「切り捨て間伐」が普通になってしまった時期もある。経済的な理由だけで間伐材の利用を放棄してしまうのは，二酸化炭素を吸収固定した木材の有効利用という観点からもきわめてもったいない話である。しかし，たとえ切り捨て間伐であっても，間伐が行われているうちはまだましであり，現実には間伐作業そのものがまったく行われない放置林分が多数存在する。

2 生態学的意義

樹冠長の大きい樹木で構成される林分と，樹冠長の小さい樹木で構成される林分とでは林冠の厚みが異なり，林冠の厚みの大きい林分のほうが樹冠の抱える空間が大きく，生態学的な機能も大きくなる（**図 7.1**）。

林分の樹冠粗密度が小さい（林冠に多くのギャップがある）と，林床に射し込む光斑が大きくなって林内が明るくなり，林床植物も豊かになり，生物多様性が高くなるが，空きすぎると雑草が繁茂し，樹木の成長が抑制されることもあり，また森林としての機能も低下することがある。人々が森林・樹木に求める環境保全機能の多くは，直接的には樹冠が担っており，一般的には過密で林冠の厚みが薄い（樹冠長率が小さい）林分は環境保全機能が小さい。

さらに，過密林分では林床植生がほとんど消滅し，斜面に成立している林分では表層土壌の流出，根系の露出といった問題が生じている。

樹木の成長に応じた適切な立木密度の維持は，高い環境保全機能を発揮させ

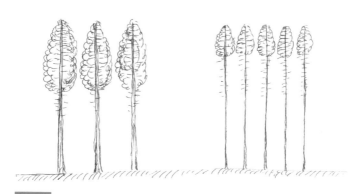

図7.1 立木密度の適正な林分（左）と過密な林分（右）

るうえできわめて重要である。たとえば，防風・飛砂防止・潮風防止等の機能が求められる海岸林や耕地防風林の場合，低い下枝を発達させて林間を通り抜ける風を弱め，飛砂を落下させる必要があり，混みすぎて林床植生がなくなり下枝が枯れるような状態にならないようにする。

③ 公園・緑地における意義

公園・緑地などの樹林でも，放置すれば過密な状況が生じるのは山林と同様で，特に常緑樹主体の植栽地では，放置樹林は過密となりやすい。シイ類，カシ類，タブノキなどの常緑広葉樹数種の苗木を混植で密植した場合，林冠は数年で鬱閉状態になるが，皆が高い耐陰性をもつので自然間引きはなかなか生じない。しかし，ある年数以上になると，種間で耐陰性にいくらかの差があるので，耐陰性の弱い樹種から枯死木が生じ，次第に生存種数が減少し，最終的には最も耐陰性の高いわずかな樹種，たとえばスダジイ，マテバシイ，アカガシなどのみが生き残る状態となる。

生き残った耐陰性の特に高い樹種の間では自然間引きがほとんど起きなく，上層木の個体数は長期間ほとんど減少しない。その結果，全体に幹は細く，樹冠の位置は高く，根系は発達せず，全木が"マッチ棒"形状となっている。そのような樹林の林床は暗すぎて生き残る低木や草本はほとんどなく，植物種ばかりではなく動物種の多様性もきわめて低い状態であり，強風に対しても弱い状態である。

斜面に過密な樹林がある場合，豪雨時の林内雨（林冠からの雨垂れによる衝撃）や樹幹流によって落葉が流去して表土が流出し，さらにその表土が流されて，土壌が痩せた状態になることが多い。さらに，根系が露出し，強風時に共倒れになることがある。

多くの公園・緑地では，樹木の成長に応じた立木密度の調整をせず，樹高を抑制する強剪定で対応しており，樹林・樹木に求められる機能が著しく低下していることが多い。しかし，樹林・樹木のもつ公益的機能を最大限に発揮させるためには，樹高を抑制する強剪定ではなく，密度調整のための間伐を行い，残す木は大きく育て，活力が高く機能も高い状態を実現する方法のほうが長期的には有効であろう。

02 間伐に関係する用語

地位指数　樹高は他の成長指標に比べて林分の立木密度の差による影響を最も受けにくいことから，林地の生産力を林齢40年の時の平均樹高で表すことになっている。平均樹高は優勢木（林冠構成木のなかでも上位に入る背の高い木）の平均値で表すことになっており，劣勢木は含まない。

林冠　林分内の個々の樹冠が互いにほぼ接して連続的になった状態を林冠という。

鬱閉　林冠において，隣り合わせた樹木の樹冠が互いに接して樹冠の層が林地をほぼ隙間なく覆い，ギャップがほとんどない状態をいう。

樹冠粗密度（鬱閉度）　林冠の込み具合を表す尺度である。おおむね20 m × 20 m = 400 m² (4a) の標準地内における，林冠構成木の樹冠投影面積合計を当該標準地の面積で除して算出する。

最多密度　ある樹高での理論的上限の本数密度を最多密度といい，現在の立木本数がどの程度の込み具合かを判断する場合は，その樹高での最多密度本数を1として，相対的な混み具合を判断する。最多密度は林分密度管理図から得ることができる。

林分密度管理図　植栽密度が異なっていても上長成長が十分に進むと，自然枯死線は1つの線に収束するようになる。それを最多密度曲線という。ある林分において，上層木の平均樹高の変化に伴い，理論的に成立可能な立木本数（最多密度）のときの幹材積を1とし，それと同じ平均樹高の時の現実林分の幹材積を"収量比数"という。林分密度管理図は故 安藤貴博士の考案によるものであり，当該地の樹高と単位面積当たりの立木本数から，どの程度の林分材積か，そのときの平均的胸高直径，自然間引き（自然枯死）本数，収量比数に応じた間伐本数などを示す。林分密度管理図では，間伐は下層間伐を前提としており，これに基づいて間伐をすると，残された樹木の平均直径は大きくなる。

樹冠長率　樹冠長率（**図7.2**）は樹冠の厚みと樹高の比をいう。この値の小さい木は枝下高が高く，幹は細く，根系は発達せず，幹形は"完満"となる傾向がある。この値の大きい木は枝下高が低く，幹が太く，根系が発達して幹形は"うらごけ"となる傾向がある。

樹冠長率＝樹冠長÷樹高

形状比　　形状比（**図 7.2**）は樹高と胸高直径の比をいう。この値の大きい樹木は樹高のわりに細く折れやすく，小さい木は樹高のわりに太く安定している。

　形状比＝樹高÷胸高直径

下層間伐　　林冠構成木のうち，周囲に被圧されて細く樹高も低い木を対象に間伐する。残された樹木の平均直径は大きくなる。

上層間伐　　林冠構成木のうち，優勢的に成長している上層木を主体に間伐する方法で，被圧されていた樹木に光が当たるようにして成長を促す間伐方法である。残された樹木の平均直径は小さくなり，樹高もやや低下する。

列状間伐　　林分の樹木を列状に間引く方法で，4 分の 1 列，3 分の 1 列，2 分の 1 列などの方法がある。

群状間伐　　林分の質的改善を目的として，伐採区画の 1 辺を上層木の平均樹高以内の長さとする小面積で集団伐採する場合をいう。

収穫伐採　　木材を収穫するための伐採方法は，大別して，択伐，皆伐，小面積皆伐の 3 つである。択伐は林分内の利用価値の高い木を抜き切りにより収穫する方法で，その跡地は天然下種更新あるいは樹下植栽により森林樹木の更新を図ることが多い。森林としての機能を維持しながら木材を収穫する方法で，生態学的にはよい方法とされているが，伐採木の運搬で林床が大きく荒れる可

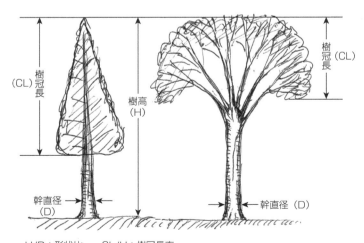

H/D：形状比　　CL/H：樹冠長率

図7.2　**樹冠長率と形状比**

能性が高い。上層間伐に近い概念であるが，上層間伐は残す木の成長促進を目的に行う。択伐，上層間伐のいずれも成長旺盛で大きな優良材から伐採していくので，長期間くり返すなかで林分構成木の幹材質が質的な低下をきたすことがある。

皆伐は対象となる林分の樹木をすべて伐採する方法をいう。伐採区画の1辺が上層木の樹高の2倍以上となる場合を皆伐というと定義されている。ゆえに林分の樹高により皆伐の最小面積は変化する。経済的には有利な方法であるが，皆伐によって土壌浸食などの問題が生じる可能性がある。

小面積皆伐は皆伐がもつ問題点を最小限にする方法である。どの程度の広さを小面積皆伐とするかは決まってなく，伐採区画の1辺が上層木の樹高の1倍以上2倍未満，あるいは4a以上10a未満など，人によって面積が異なる。伐採区画の1辺が上層木の樹高以上，樹高の2倍未満の場合，間伐とするか皆伐とするかは伐採の主要目的が林分の質的改善か収穫かで分かれる。

更新　皆伐，小面積皆伐あるいは択伐後の伐採跡地に林木を育てて，林分の世代交代を図ることをいう。

植林（人工更新）　苗木を圃場などで育て，一定の大きさに育った苗木を山林に植え付ける更新法をいう。針葉樹林の更新で多く採用されている。

天然更新は植林以外の方法で林分更新をめざす方法をいう。広葉樹林の更新に採用されることが多い。天然下種更新，切り株や根系からの萌芽更新，埋土種子からの発芽更新に分けられる。天然下種更新は伐採林分の周囲の樹木あるいは伐採林分の中の伐り残した樹木から種子が供給され，発芽苗を保護して林分に育てる方法をいう。萌芽更新は林床に残された切り株や地下茎，根系からの萌芽，埋土種子の発芽によって森林を回復する方法である。

03　林分構造

森林は喬木，大低木，灌木，草本，ササ類，コケ類など多様な植物で構成され，また喬木性樹木だけを見ても，多様な種類，多様な大きさ（樹高，太さ，樹冠径，樹冠長，根元形状），多様な活力状態で構成されている。森林の階層構造には，林冠が高木層のみの単層林，高木層・亜高木層で構成される複層林（二段林），高木層・亜高木層・大低木層で構成される多層林がある。

04 間伐基準

　間伐をいつ，どの程度行うのがよいかの基準はいくつか考えられているが，ここではそのうちの主要な方法を紹介する。

① 樹冠長率を基準とする方法

　樹冠長率は50％以上60％未満を維持することを目安とすることが多くなっている。60％以上では立木の間隔が空きすぎで下枝が枯れずに経済林としては不利な樹形となり，50％以下では混みすぎで個々の木の形質が不良となると考えられている。特に樹冠長率が40％以下になるとかなりの混みすぎであり，20％以下になると樹高成長そのものが抑制されるようになる。

② 形状比を基準とする方法

　樹高と幹直径の比である形状比は樹冠長の長い，すなわち下枝高の低い木ほど光合成能力が高く，幹の根元近くの肥大成長が盛んであり，形状比は小さくなって根系は発達して生理的にも力学的にも安定し，樹冠長の小さい，すなわち枝下高の高い木ほど根元近くの幹の肥大成長は小さく，形状比は大きくなって不安定である。一般的に形状比の35，50，70，80，90が目安となる数値とされている。

　35前後：非常に安定した樹形

　50以上：力学的な欠陥の無い樹木でも，強風や冠雪で倒伏・幹折れを起こす可能性が生じる。

　70以上：森林管理上のひとつの目安で，70以上になると倒伏，幹折れ，幹曲がりが発生しやすくなる。スギ林では形状比＝70以下を維持することが目安となっている。

　80〜90：風倒，幹折れ，梢端折れがかなり発生しやすくなる。

　90以上：気象害を受けやすくなり，林分管理上危険となる。

　林業では，形状比70に達すると間伐を開始し，60程度以下では林業的に不利な形状となりやすい。

③ 相対幹距比(Sr)を基準とする方法

　幹距とは林分における 4 方向の隣接木との平均距離である（前後左右，斜面であれば上下左右，あるいは東西南北の 4 方向）。相対幹距比とは樹高に対する幹距の比率(幹距÷樹高)である。幹距は実質的には，平均幹距 = $\sqrt{}$ (10,000 m^2 ÷立木本数／1 ha) あるいは$\sqrt{}$ (400 m^2 ÷立木本数／4a) で計算する。

　相対幹距比＝林分の平均幹距÷林冠構成木中の上層木（優勢木）の平均樹高

　スギ林の場合，相対幹距比 = 0.2 ～ 0.22，広葉樹林の場合，0.25，マツ林の場合，0.3 程度を維持するのがよいとされ，スギ林の場合，Sr = 0.17 以下では混みすぎ，0.14 以下でかなりの混みすぎとされている。たとえば，この基準で適正本数を計算すると，林冠構成木（亜高木や低木は含まない）の平均樹高が 20 m であれば，スギ林の場合，

　平均幹距 = 20 m × 0.2 = 4 m，1 本当たりに必要な面積 = 4 m × 4 m = 16 m^2，1ha 当たりの立木本数 =10,000 m^2 ÷ 16 m^2／本 = 625 本

同様に落葉広葉樹林の場合，

　平均幹距 = 20 m × 0.25 = 5 m，1 本あたりに必要な面積 = 5 m × 5 m = 25 m^2，1 ha 当たりの立木本数 = 10,000 m^2 ÷ 25 m^2／本 = 400 本

同様にマツ林（クロマツ林，アカマツ林のいずれも）の場合，

　平均幹距 = 20 m × 0.3 = 6 m，1 本あたりに必要な面積 = 6 m × 6 m = 36 m^2，1 ha 当たりに必要な 10,000 m^2 ÷ 36 m^2／本 = 278 本

が適正本数である。もし現在の林分の立木本数が 1,000 本あった場合，

　スギ林の間伐本数 = 1,000 本 − 625 本 = 375 本，広葉樹林の間伐本数 = 1,000 本 − 400 本 = 600 本，マツ林の間伐本数 = 1,000 本 − 278 本 = 722 本

が間伐本数である。

④ 一定の胸高断面積合計を維持する方法

　この方法は鋸谷茂氏考案といわれている。スギ林の場合，最も過密な状況での胸高断面積合計は 80 m^2/ha になるといわれている。胸高断面積合計が 50 m^2/ha 以上になると風雪害に負けて被害を受ける樹木が多く出るので，50 m^2 以下になるようにし，胸高断面積合計が 30 m^2/ha になると少なすぎであるので，それ以上にする。この方法は植林木が細い段階では当てはまらないが，ある程度

太くなると適用できるとされている。

5 伐採率を基準とする方法

伐採木の本数と伐採前の立木本数の割合あるいは伐採材積と伐採前の材積の割合をおおむね一定にする方法である。

伐採木本数÷伐採前の立木本数× 100（％）

あるいは伐採材積÷伐採前の材積× 100（％）

強度間伐は本数間伐率で 30 〜 50％（材積間伐率で 30 〜 40％）であるが，伐採率の基準については都道府県で考え方に違いがあり，さらに樹種によって，地形・地質・傾斜度・方位などの地況によって，経営方針などによっても数値が異なるので，それぞれの林分ごとに決めなければならない。

6 樹冠粗密度を基準とする方法

林分は林冠の樹冠粗密度が高くなると下枝が枯れて樹冠長が小さくなって林木の成長量が小さくなる。そこで，樹冠粗密度が 0.8 程度（厳密には 0.7854）になったら間伐を実施し，25％の本数間伐を行って樹冠粗密度を 0.6 程度まで下げ，また 0.8 程度に上昇したら再び 25％の本数間伐を行う。2 回の間伐によって立木本数は間伐前の立木本数の半分となる。

強度間伐では，樹冠粗密度が 0.8 程度になると 50％間伐を行って 0.4 まで下げ，再び 0.8 まで上昇したら再び 50％間伐を行い，本数密度を最初の立木本数の 1/4 とする。鋸谷式では，樹冠粗密度 0.8 以上の場合，環状剥皮による巻枯らしを行い，0.8 以下では伐倒による間引きを推奨している。

7 収量比数(Ry)を基準とする方法

国有林および都道府県では，樹種ごとに，地域ごとに林分密度管理図を作成している。その林分密度管理図における最多密度曲線（林冠構成木の樹高における立木本数密度の上限を結んだ線。樹高が高くなるにつれて立木本数は少なくなる）に対する比率である。スギ林の場合，一般的に収量比数 0.8 以上は混みすぎ，0.6 以下は透きすぎ，0.7 程度が最適とされており，収量比数 0.8 か

ら0.7の間，あるいは0.7から0.6の間で間伐をくり返すのがよいとされている。ただし，林分密度管理図は短伐期施業に対応するように作成されているので，80年伐期のような長伐期施業に対しては適用しないほうがよく，また形質不良木を選んで間引いていく下層間伐には向いているが，形質の良質な木を選んで間引いていく上層間伐には適用できない。

8 相対照度による方法

　相対照度は，近くに樹木や高い建物のない開けた空間（地面からの反射光の少ない草地が理想）で計測する全天照度（lux）に対する林内の照度（lux）の比率（%）である。相対照度が高いと，林宗に光が十分に差し込み，林床植生が発達し，個々の林木の成長は促進されるが，相対照度が低いと，林床は暗く，個々の林木の肥大成長は抑制される。相対照度の計測には照度計を使う。計測は明るい曇天の日が最適であるが，現地調査では天候を選べないことが多いので，晴天のときは野原の照度計に直射日光が当たらないように，白い布や不透明な傘をかざして計測する。林内の照度測定は，光斑が当たらないように注意して林床植生の上で計測する。そのとき，計測者の身体が計測値に影響しないように十分に注意する。

　相対照度により林床植生や上層木の種類や成長が異なってくるが，一般的には以下のような状態となる。

　　　5%以下：著しい過密状態で，林床植生がほとんどない。成長劣勢な樹木は陰樹でも枯死する

　　　5〜10%：林床植生が少なく，主林木が成長しない

　　　10〜20%：萌芽枝の成長に必要な最低照度で，耐陰性の高い林木の成長が可能

　　　20〜30%：林床植生が豊かになり，主林木の成長が良好

　　　30〜40%：林床植生が繁茂し，開花・結実し，実生苗の発生も見られる

　　　40〜50%：林床の樹木が急激に成長し，特に陽樹の成長が旺盛になる

　　　50%以上：陽樹や雑草がはびこり，藪状態になる

　たとえば，スギ人工林では，相対照度20%前後が適正な林内照度とされており，時折相対照度を測定し，20%程度を維持するように間伐するのがよいとされている。

⑨ 伐採木の選木

　前述の方法のいずれかを選ぶかあるいは現場での感覚（経験的な勘）によって間伐率を決定し，その後，定量間伐と定性間伐のどちらを選ぶか決定する。定量間伐は多少の選木は行うが，基本的には機械的に伐採木を決めていく。定性間伐は下層間伐とほとんど同じであるが，上層木であっても形質不良木は間伐対象となる。現実の間伐作業では，感覚的に選木する場合が多い。もし間伐によって大きな空間が生じることが懸念される場合は，形質不良木でも残置することがある。

⑩ 環境保全機能を高めるための間伐

　環境保全機能を高めることを主目的とする森林管理でも，適正な間伐による密度管理と形質の向上が重要である。現代のように著しい林業不況で木材価格が低迷している状況では，間伐作業の回数が増えれば，その分赤字が増えるので，森林機能を維持しつつ，可能な限り間伐回数を減らす必要がある。そのためには一般的には“強度間伐”の実施が求められるが，それによって森林の環境保全機能が損なわれるようなことがあってはならない。

　公園・緑地では，多様な樹種が混植されることが多いが，放置しておくと耐陰性の高い樹種は生き残るが，耐陰性の低い樹種は消滅し，生物的な多様性が低下し，暗い林内となって利用上も問題が多くなる。さらに，公園・緑地では，一般的には上層木の強剪定により樹冠・林冠を縮小して，被圧木の発生を防いでいる。しかし，このような管理方法により，樹林が本来的に持つ環境保全機能は著しく低下してしまう。間伐で伐採した木は可能な限り有効に利用するのがよい。

05 海岸林での下枝管理

　海岸林の場合，防風と飛砂防止が最も重要な機能である。低い枝はきわめて防風効果が高いので，クロマツの下枝が枯れ下がり，低い位置には枝がなく幹しかないような林分状態を避けるべきである。また，林床の植生が無くなるよ

うな暗い林分にすると植生による飛砂防止効果が失われる。よって，クロマツ林の適正管理により林床にも木漏れ日が差すような密度管理が重要である。

CHAPTER 8 | 幹や大枝の力学的適応

01 断面に生じる応力の均等化と偏り

　樹木は風の力を葉や小枝で受け，その力は大枝→幹→根と伝わり，最終的には土壌に吸収される。力の流れが小枝から根まで伝わる間に局部的に材強度を超えるような力が加わると，樹木はその部分で破壊されてしまうかもしれない。そこで樹木は，小枝，大枝，幹，根のどの部分でも力の流れの密度を均等にしようとする。ところが実際にはなかなか均等とはならない。樹幹や大枝は樹冠の重さを支え，また横からの風荷重に対しても耐えなければならないが，直立した樹幹をもつ樹木が風荷重を受けると，幹は**図8.1**のように曲がり，風下側が圧縮されて風上側は引張られる。揺り戻しのときは風上側が圧縮されて風下側が引張られる。幹の中心は曲げを受けるが，引張りも圧縮も受けない。この関係はどの方向から風が吹いても同じなので，**図8.2**のように幹断面の外周部分は圧縮，引張りの強い力を常に受け，それに応じて高い応力が発生するが，内側の中心部分は自重以外の圧縮力や張力をほとんど受けない。しかし，幹が曲がると幹の中

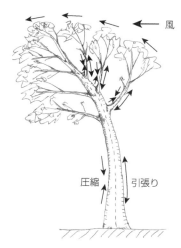

図8.1　樹幹と枝の屈曲部分のあて材の位置（矢印の部分があて材）

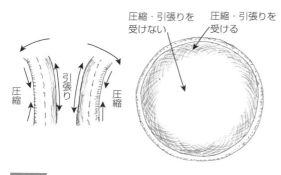

圧縮・引張りを
受けない

圧縮・引張りを
受ける

引張り

圧縮　　　　　圧縮

図 8.2　ヤシ類の幹の屈曲

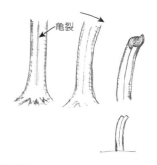

亀裂

図 8.3　曲げ荷重の剪断力による
幹中心を通る剪断亀裂

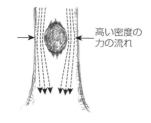

高い密度の
力の流れ

図 8.4　幹内部の腐朽によって生じる
力の流れの密度の変化

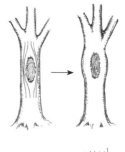

肥大により
力の流れの
密度を下げる

図 8.5　局部的な肥大による力
の流れの密度の均等化

心を横断するような強い剪断力が作用するの
で，しばしば幹の年輪中心を通って軸方向にず
れが生じ，剪断亀裂が発生する（**図 8.3**）。また，
幹内部が腐朽すると，樹冠の重さによる"押し
つける力"の流れは**図 8.4** のように迂回し，力
の流れの密度が局部的に高くなるが，これに
よってその部分に高い応力が発生する。樹木はこのような力の流れの局部的高
密化による破壊を避けるために，**図 8.5** のようにその部分にもっとも近い形成
層の細胞分裂を促進し，局部的な肥大成長をして力の流れの単位面積当たりの
密度を低くしようとする。特に圧縮，引張りの双方の力が集中する外周部分に
大きな欠陥が生じると，その外側の肥大成長は急激となる。

02 幹断面の凹凸

　樹木の幹の断面は，ケヤキ，スギなどではおおむね円形あるいは楕円形になっているが，アキニレ，シデ類，カリン，ビャクシン類などではかなりの凹凸がある。これは，ケヤキやスギが幹断面にかかる力をなるべく均等化し，成長も均等化しようとしているのに対し，シデ類などでは，力の流れの集中する活力ある枝と活力ある根の間を連結する部分の材形成速度を高め，その結果，特異的に材の発達した部分に力の流れを集中させているためと考えられる（**図8.6**（**写真8.1**））。ビャクシン類の場合は幹を伝わる力が枝の両側面を迂回するときに，他の木のように枝の下の比較的近い部分で合流することをせず，力がそのままほぼ平行に下方に流れていき，その結果，力の流れている部分のみが成長し，枝の下部は長い距離で力が流れず，その結果，肥大成長しないために**図8.7**（**写真8.2**）のような樹幹形となる。活力ある枝では光合成産物を枝の直下に供給し，それによって枝の下部も太るが，活力のない枝ではそれができず，著しく窪んだ状態となりやすい。

　多くの樹種で，しばしば幹に軸方向の剪断亀裂が生じるが，それは年輪に沿う横方向すなわち接線方向に発達する細胞組織がないため，接線方向に引き裂くような引張りに対してほとんど抵抗できないからである（**図8.8**）。年輪界は材細胞の密度の差であって細胞の方向ではない。材木を乾燥させると年輪の中

図8.6　**シデ類の幹表面の凹凸**

写真8.1　**シデ類の幹の凹凸**

根元の断面

図 8.7　ビャクシン類の枝の直下の窪み

写真 8.2　カイヅカイブキの幹

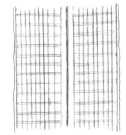

柾目面の軸方向の繊維と
放射方向の放射組織

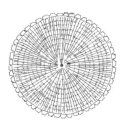

横断面の放射組織と年輪

板目面から見た放射組織と
それを迂回する繊維の流れ

図 8.8　幹における仮導管，繊維細胞および放射組織の配列

心を通って軸方向に乾燥亀裂が生じるが，これも細胞の乾燥収縮によって接線方向の引張りが生じるからである。その結果，生じる亀裂は放射組織に沿う状態となる。その剪断亀裂の先端が樹皮にまで達してなく幹断面の内部にある場合，亀裂の先端に極度に高い切欠き応力が生じ，形成層はその応力を感知して局部的に肥大成長を速める。その結果，樹木の表面に縦長の畝（うね）が生じる（**図 8.9**（**写真 8.3**，**8.4**））。

亀裂が横断方向に生じると，竹の節のような隆起が生じることがある（**図 8.10**）。このような隆起はナラ類，カシ類，シデ類がシロスジカミキリ幼虫の

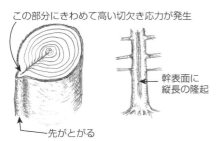

この部分にきわめて高い切欠き応力が発生

幹表面に縦長の隆起

先がとがる

図 8.9　幹表面の軸方向の隆起図

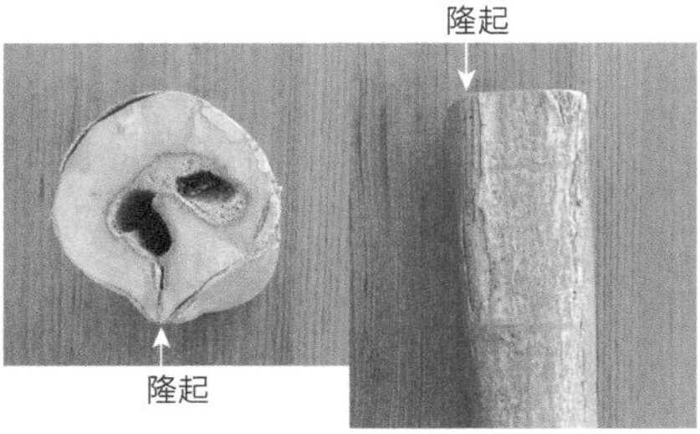

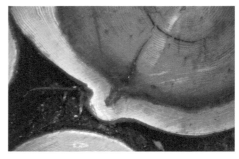

隆起

隆起

写真 8.3　広葉樹材の亀裂の先端の隆起

穿孔被害を受けたときにしばしば見られる。シロスジカミキリは成熟した雌が樹皮に産卵するときに，樹皮を齧（かじ）って産卵管を差し込んで産卵し，次に 2 〜 3 cm 水平方向に移動してまた産卵するということをくり返して幹を一周すると高さを変えて再び同じように産卵するので，幼虫が孵（かえ）って樹皮と材を食害するようになると，幹内部に環状の傷が生じ，その結果，竹の節のような隆起が生じる。

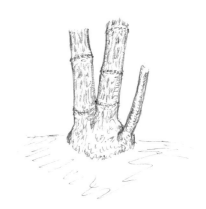

写真 8.4　樹皮表面に"蛇下がり（173 ページ参照）"の隆起を生じたスギ

　材中に，ある幅をもって細かな繊維の断裂すなわち"もめ"が生じると，ベルトを巻いたような一定の幅をもった隆起が生じる（図 8.11）。このような隆起は広葉樹（たとえばプラタナス）で起きやすく，針葉樹では少ないが，ヒマラヤスギや多雪地のスギには時折生じている。内部腐朽とそれに続く空洞化が進行し，残された壁が薄くなると，しばしば圧縮側に座屈が生じる。座屈が生じると**図**

図 8.10　幹を一周する竹の節のような隆起

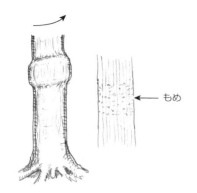

もめ ←

図 8.11 捩り荷重に起因するもめによって生じたベルトを巻くような隆起

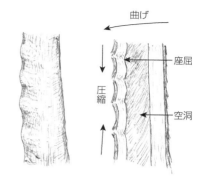

曲げ

座屈

圧縮

空洞

図 8.12 座屈によって生じる浅い隆起の列

8.12 のような隆起が生じるが，外観的にもめとよく似ており，また内部の繊維断裂状態もよく似ていることがある。このような隆起は針葉樹，広葉樹のいずれでも生じる。

💡 **黒　心**

スギ材の心材は多くの場合赤褐色を呈するが，ときには黒褐色を呈する材が発生する。これを"黒心"という。黒心の原因として大きく2つのことが挙げられている。ひとつは遺伝的に発生するもので，主に日本海側に生育するアシウスギ（ウラスギ）系統に多いとされている。もうひとつは傷や病害虫によるもので，幹を傷つけるような枝打ちをした個体に多く発生するボタン材が一例である。また暗色枝枯れ病に感染した個体にも黒褐色を呈したボタン材が発生することから，暗色枝枯病の感染もひとつの原因とされている。このような黒心の部分では放射組織柔細胞が死細胞となっており，含水率が高くカリウムの含量が多く弱アルカリ性を示す傾向が見られるが，力学的強度は健全材とほとんど変わらない。黒心部分にはシロアリの増殖を妨げる成分の含まれていることが判明しており，黒心化は樹木の防御機構の一種かもしれない。

03 幹や大枝の力学的欠陥に対する形態的適応

1 樹皮の傷および材の腐朽に対する形態的適応

　木材は軸方向については張力よりも圧縮力に対して弱くできており，繊維を断裂させる軸方向の引張り荷重の1/3～1/4の圧縮荷重で押し潰されてしまう。そこで樹木は，強風により瞬間的に強い曲げ荷重がかかったときに，幹の風下側が押し潰されるのを防ぐため，普段から樹幹の表面近くに軸方向に対して押し上げる力を働かせている。これは個々の細胞が膨張しようとする成長応力である。その応力を吸収するために幹の中心近くでは軸方向に押し下げる力が働いている（**図8.13**）。

　幹の中心が腐朽しても，その程度が小さければ幹の強度にほとんど影響を与えないが，表面近くが腐朽したり傷を受けたりすると，幹折れの可能性がきわめて高くなる。そこで樹木は幹に樹皮の剥がれなどの欠陥が生じた場合，その周囲の形成層の分裂を活発にして樹皮の再生と材の形成を図る（**図8.14**）。しかし，傷を塞ぐときの形成層の分裂および細胞成長の速さは一様ではなく，普通，傷の両側面がもっとも速く，反対側の面がもっとも遅い。また，傾斜木などではあて材を形成している側が速く，その反対側は遅い。

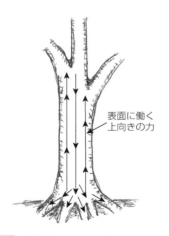

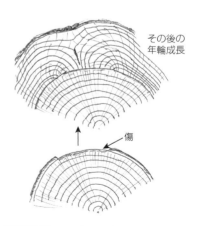

図8.13	樹幹表面に働く軸方向に押し上げる力と幹の中心付近に働く下方への圧縮力

図8.14	幹の樹皮が傷ついたときの形成層による損傷被覆材の形成

樹幹を上下に伝わる力は軸方向につながる仮導管細胞や繊維細胞を伝わっていくので，同じ年に形成された年輪内の材にもっともよく伝わるようになっているが，樹皮を部分的に喪失すると，その部分では年輪を形成できなくなる。

すると，もっとも新しい年輪を伝わる力は傷の部分を紡錘形に迂回して流れるようになる。そのため，傷の両側面に大きな応力が発生するが，傷のすぐ上下の面では応力のブランク（空白部分）が生じる。樹木には応力の高い部分に材を形成し，力学的な欠陥を補おうとする性質があるので，傷の側面は旺盛に損傷被覆材を成長させるが，上下，特に下面では成長が少ない（**図 8.15**）。

　枯れ枝や樹皮の傷から入ってきた腐朽によって樹幹内部が空洞化したとき，空洞の側面には力の流れが集中し，健全な幹断面よりも高い応力が発生する。樹木は高い応力が働いている部分の肥大成長を盛んにするので，空洞の側面の壁の厚みがもっ

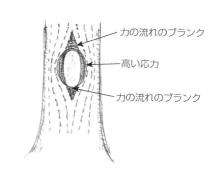

- 力の流れのブランク
- 高い応力
- 力の流れのブランク

図 8.15　**傷の上下に生じる力の流れのブランクとその後の損傷被覆材の形成**

図 8.16　**材の空洞化による幹の紡錘形肥大**

写真 8.5　**幹が紡錘形に肥大化したクスノキ**

とも薄い部分でもっとも肥大成長が大きくなる。空洞が中央にある場合，幹は紡錘形に膨らみ（**図 8.16**（**写真 8.5**）），どちらか一方に寄っている場合は片側のみが紡錘形になる。ゆえに空洞が偏って存在する場合は，幹の膨らみも偏った形となる（**図 8.17**）。

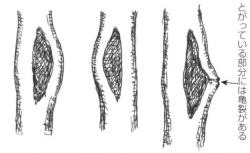

とがっている部分には亀裂がある

幹内部の空洞が偏っているときは幹の膨らみも偏っている

図 8.17 **空洞の偏りと外観**

② 開口空洞に対する形態的適応

　幹断面の外周には引張り，圧縮，剪断のいずれの力も強く作用する。樹幹が窓を開けたような状態で空洞化している場合，それらの力を支える部分が局部的に欠けた状態であるので，幹折れの発生する可能性がきわめて高くなる。そこで樹木は開いた窓の周囲に〝窓枠材〟を形成して座屈を防ぐ。実際に樹木が行う強化方法は**図 8.18**（**写真 8.6**）のように，開口空洞を迂回する幹表面の力の流れに沿って半円柱を組み立てる方法である。ちょうど牡羊の角のように

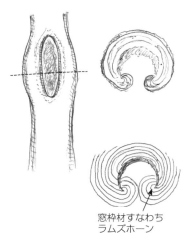

窓枠材すなわち
ラムズホーン

図 8.18 **開口空洞の両脇に発達する窓枠材**

写真 8.6 **アキニレの幹の開口空洞と窓枠材**

写真 8.7 "窓枠材"を形成したケヤキのラムズホーン

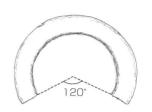

危機を脱した幹　危機を脱していない幹

図 8.19 開きすぎた開口部

巻き込んでいるので，故 Shigo 博士は"ラムズホーン（Ram's horn）"と呼んだ（**写真 8.7**）。この部分の材はきわめて強靭で，圧縮，引張りの双方に強い抵抗力を示し，また腐朽にも強い抵抗力を示す。ドイツで行われた開口空洞樹木の引張り試験では，開口部両脇の窓枠材が十分に発達している幹は，その部分では破壊されずに健全な部分のほうが先に折れたという。しかし，開口空洞の窓枠材がいくら丈夫でも，反対側の壁が薄くなりすぎると逆方向に座屈する可能性が高くなり，また**図 8.19** のように開口の角度が開きすぎると急激に座屈を起こしやすくなる。危機的な開口空洞の断面中心からの角度は 120 度以上とされている。なお，この窓枠材は引張り荷重，圧縮荷重，腐朽のいずれに対してもきわめて高い抵抗性を示し，ある意味では理想的な材といわれている。

③ 亀裂に対する形態的適応

材内部に亀裂が生じると，亀裂の先端部分に力の流れの集中が起きるが，その亀裂が樹皮にまで達すると，その周囲の材が修復成長をして急激に盛り上がる。しかし，そこを覆ってもすぐに亀裂が生じてしまうので，傷を塞ぐことができず，中心が長く窪んだ隆起となり，中心部分は樹皮が挟まれた状態となる。その結果，亀裂が軸方向に沿って長く続いている場合，"蛇下がり"といわれるような長い隆起が生じる（**図 8.20**（前掲**写真 8.4**））。亀裂が横断面に対し

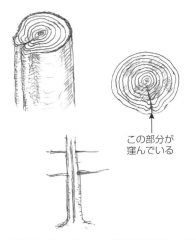

この部分が
窪んでいる

図 8.20　幹の軸方向の亀裂と幹表面の"蛇
　　　　下がり"といわれるうね状の隆起

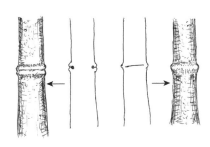

図 8.21　幹の放射方向に広がる亀裂やひもの
　　　　のみ込みによって生じる竹の節のよ
　　　　うな隆起

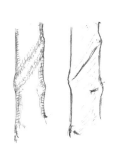

図 8.22　螺旋状の亀裂によって生じる
　　　　螺旋状の隆起

亀裂のない側がよく成長

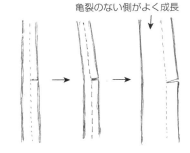

図 8.23　断面方向の亀裂が表面にまで達して
　　　　いる場合の反対側の成長

て平行の場合、あるいはひもなどをのみ込んだ場合、竹の節のような隆起が生
じる（**図 8.21**）。亀裂が螺旋状に捩れている場合、隆起も捩れて生じる（**図
8.22**）。断面方向の亀裂が一方の幹表面まで達して半分折れかかっている場合、
その上を覆う修復成長ができず、亀裂の反対側が旺盛な肥大成長を示すことが
ある（**図 8.23**）。Mattheck 博士のいう"バナナクラック"は曲がった幹や大
枝の凸側に生じやすい（**図 8.24**）。曲がった幹が曲げ伸ばしの力を受けると、
腹の部分が横方向の引張りを受け、樹皮が裂けてしまう。バナナクラックの場
合、裂けるのは樹皮だけで、材までは裂けていないことが多い。このような亀
裂は多くの場合、その後の修復成長によって塞がれてしまうが、材に亀裂が入っ

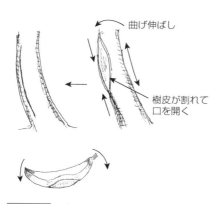

図 8.24　バナナクラックによる樹皮表面の亀裂

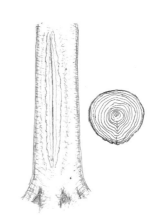

図 8.25　肥大成長に伴う，樹皮の亀裂の接線方向への拡大と新たな亀裂

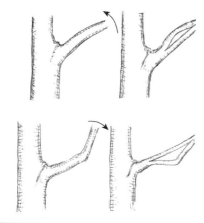

図 8.26　唇が裂けたような枝の側面の亀裂

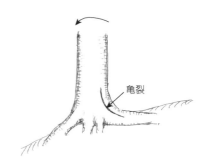

図 8.27　根元湾曲部の亀裂

ている場合，その後に修復成長した部分に何度でも亀裂が生じる（**図8.25**）。

　枝の側面に生じる"唇が裂けたような亀裂"（**図8.26**）は，途中から上方に曲がっている枝で生じやすい。曲がった枝が急激に曲げ伸ばされると側面に亀裂が生じ，唇を開けたような形になる。これと同じ類の亀裂は曲がった幹の下部の側面でも生じやすい（**図8.27**）。この亀裂は幹の軸方向に生じる剪断亀裂と異なり，曲がった部分で止まり，それ以上拡大することはない。そして，そ

の後の巻き込み成長によって割れた部分が丸くなり，まるで枝が分岐して再び癒合したように見えることがある。これと同じ亀裂が前掲**図6.11**の雪曲がりの木にも表れている。なお，Mattheck博士はこれをハザードビームクラック（危険な梁の亀裂）と呼んでいる。

④ もめに対する形態的適応

　樹木が瞬間的に強く捻じられたり曲げられたりした場合，材繊維が細かく断裂する，いわゆる"もめ"が発生する。もめは局部的なことが多いが，幹全体に及ぶこともある。ベルトを巻くような肥大（前掲**図8.11**）は幹が瞬間的に強く捻られ，ある一定の幅で幹を一周するような繊維の断裂が生じたときにでき，広葉樹ではプラタナスやユリノキで時折観察されるが，針葉樹ではもめは生じるもののベルト状肥大はまず見られない。浅いかまぼこ状の隆起が一定間隔で列をなして生じている（前掲**図8.12**）ときは，重い冠雪や強風，ときには自

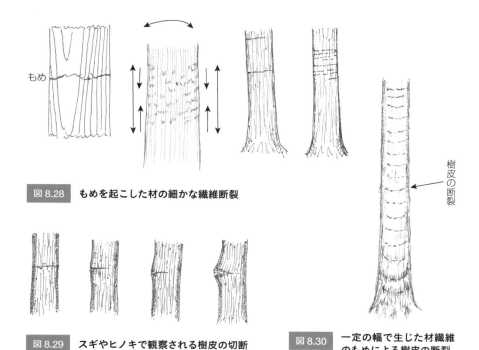

もめ

図 8.28 もめを起こした材の細かな繊維断裂

図 8.29 スギやヒノキで観察される樹皮の切断

樹皮の断裂

図 8.30 一定の幅で生じた材繊維のもめによる樹皮の断裂

重によって幹が強く曲げられた場合であるが，これは針葉樹，広葉樹のいずれでも見られる。

　林業や木材産業でいうもめとは，狭義には台風などにより立木に激しい引張り，圧縮，曲げ，捩（ねじ）れによる剪断などの荷重が加わり，主に軸方向の仮導管細胞や繊維細胞の細胞壁あるいは互いの接触部で，切断や押し潰しなどによる脆（ぜい）性破壊が材の接線方向や横断方向に連続的に発生して材質が劣化する現象である。木材の柾目面や板目面では**図 8.28** のように横方向に細い線状の割れが生じ，横断方向の切断面では面的な剥離状態となっている。もめがひどいときには幹折れを誘発するが，たとえそこまでいかなくとも，横方向の亀裂に発展したり腐朽が生じたり "ヤニ壺（つぼ）" が生じたりして材質の劣化に結びつく。スギやヒノキのように繊維質のコルクが軸方向に長く伸びて幾層にも重なっている樹皮をもつ樹種で，もめが局部的なときは，**図 8.29** のように樹皮表面に横方向の直線的な切断が集中して生じる。もめが一定幅で生じたときは**図 8.30** のように横方向の樹皮の切断もある幅をもって生じる。もめが幹上部から根元近くまで全身に及んでいるときは，過去に冠雪や強風によって幹全体が激しく湾曲したか捩れを受けたかしたことを示している。

⑤ 座屈に対する形態的適応

　座屈は幹材の空洞化や腐朽が進み，残された壁の厚みが薄くなったところで生じやすい（**図 8.31**）。壁の薄い部分に強い圧縮力が加わると，繊維が曲げられて断裂し，局部的な亀裂が生じる。その反対側はそれによって繊維が急激に軸方向に引張られ，ときには断裂して幹折れが生じることもある。もめは繊維組織や仮導管組織の微細な断裂であると同時に座屈でもあるので，微細なもめが，大きな外力をくり返し受け続けることによって外観からもはっきりとわかる座屈や横方向の亀裂に発展することがある。そのような状態が徐々に進行しているときは，樹木は座屈が生じている部分の成長を速め，**図 8.32** のような肥大形状を示す。幹が開口空洞状態の場合，開口部の側

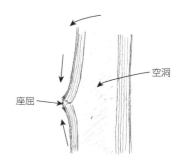

空洞

座屈

図 8.31　壁の薄い部分での座屈

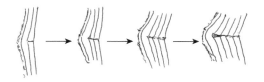

図 8.32 徐々に進行する座屈に対応した局部的肥大

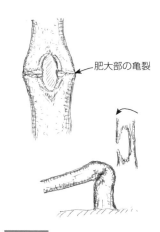

← 肥大部の亀裂

図 8.33 開口空洞での座屈破壊

面の"窓枠材"が十分に発達しているときは，座屈はほとんど起きないが，窓枠材が発達していない場合は**図 8.33** のように座屈破壊が生じることがある。

樹木 の 豆知識 ⑨

💡 木材の硬さと強さ

木材は引張り，圧縮，曲げ，捩れのいずれの荷重に対してもきわめて強い抵抗力を示す。この強さは木材を構成する細胞の細胞壁の強さからきている。木材の細胞壁の構成成分はセルロースが 45 〜 50％，ヘミセルロースが 20 〜 25％，リグニンが針葉樹では 25 〜 30％，広葉樹では 20 〜 25％となっている。セルロースの化学式は $(C_6H_{10}O_5)_n$ で，ブドウ糖が脱水結合して長く鎖状になったものであり，n が 10,000 〜 15,000 にもなる巨大分子である。そのセルロースがさらに絡み合ってセルロースミクロフィブリル（微小繊維）となり，細胞壁の骨格を形成している。ヘミセルロースはキシラン，マンナン，グルコマンナンなどの多糖類が 100 〜 300 個集まって分子を構成する複雑な化合物であり，ミクロフィブリルに絡みついてリグニンとミクロフィブリルが分離しないようなはたらきをしている。リグニンは多くの環状構造をもつ複雑な三次元構造のフェノール性化合物である。細胞壁に硬さを与えるとともにセルロースミクロフィブリルとセルロースミクロフィブリルの間に浸み込み，それらを接着する作用をしている。日本建築の土壁は，まず"木舞"と呼ばれる竹格子で基本骨格をつくり，そこに藁を混ぜた粘土や漆喰を塗布するが，細胞壁ではセルロースミクロフィブリルが木舞の役割を果たし，リグニンが粘土や漆喰の役割を果たし，ヘミセルロースが藁の役割を果たしている。さらに，細胞壁が隣接の細胞壁とずれないように接着するはたらきをしているのがペクチンである。

04 捻れと螺旋木理

　樹幹や大枝に捻れたような隆起が生じ，その部分の材が螺旋木理^{らせんもくり}となっている状態はしばしば観察される。これは傾斜した幹や大枝，偏った樹冠などをもつ樹木に一方向の風が常に当たり，捻れ荷重が幹や大枝に生じて，それによって軸に対して最大45度の角度で剪断応力が発生し（**図8.34**），その応力に対して形成層が反応して，応力の高いところの材成長を促進するためである。樹木は力の流れに沿って材を形成するので，軸に対してこのような大きな剪断応力が働いているところでは材繊維の配列も軸方向に対してほぼ45度傾く。

　螺旋木理は枝や樹皮の剥がれた部分を迂回する幹の組織でも見られるが，このような螺旋木理が幹全体に及び，全体が捻れているように見えることがある（**図8.35**）。螺旋木理にはいくつかの利点がある。たとえば，ある大枝が枯れたり折れたりした場合，もし螺旋木理ではないとすれば，その一方の側の根系はすべて糖を供給されなくなり，枯れてしまうことになる。また，太い根が切断されたり枯れたりした場合，その根から水分を供給されている一方の側の枝はすべて枯れてしまうことになる。螺旋木理となるのは形成層が軸方向に対して斜めに配列されているからであり，それによって篩部も螺旋状の配列となる

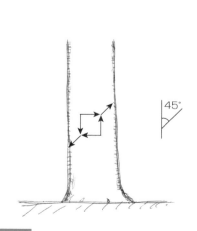

図8.34 最大45度の角度で発生する剪断応力

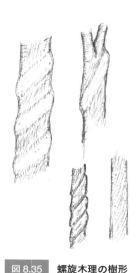

図8.35 螺旋木理の樹形

ので，水も糖も旋回しながら上昇あるいは下降し，一方の側だけが枯れるということはなく，枝や根の方向のバランスが保たれる。また，繊維が幹全体で一方向に旋回している場合，旋回方向に強い曲げの力を受けても剪断亀裂が発生しにくい状態となる。ちょうど雑巾を絞れば絞るほど硬くなり，曲げても割れ

が生じないのと同じである。しかし，逆方向に強く捩られると亀裂が発生し，ときにはそこから腐朽したり（**写真 8.8**）胴枯れ病菌などが侵入して枯れたりすることもある（**図 8.36**）。周囲の林木を伐開されて孤立した樹木が，以前受けていた常風方向とは逆方向の風によって捩れ方向とは逆方向に捩られて亀裂が入り，そこから胴枯れ性の病原菌が入って枯死した例が報告されている。このような螺旋亀裂とそこから発展する螺旋形の腐朽は枝でもしばしば見られる。

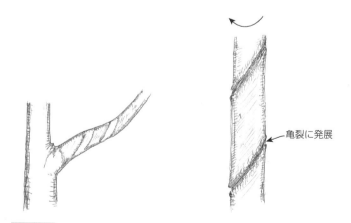

亀裂に発展

図 8.36　**螺旋木理の大枝と逆方向に捩られたときに生じる幹の螺旋亀裂**

木 理

木理とは樹幹を構成する材繊維や年輪の配列や走向のことで，木目（もくめ，きめ）あるいは肌理（きり，きめ）ともいう。樹幹の軸に対して平行なときを通直木理，斜めになっているときを斜走木理，旋回しているときを螺旋木理あるいは旋回木理，交叉するようにジグザグになっているときを交錯木理，波状になっているときを波状木理などと呼んでいる。また，木理が高い装飾性と美しさをもっているときを杢という。杢には製材面に現れた模様から玉杢，泡杢，笹杢，筍杢などの名称が付けられている。木理は遺伝的，力学的な適応，枝の周囲の繊維の迂回，病害虫被害や枝打ち・剪定に対するその後の回復成長，物体ののみ込み成長などで多様な状態が生じる。局部的なものを含めると，螺旋木理や交錯木理はすべての個体に存在するが，木理の状態を研究すると，木理の流れは立木のときの力学的な適応状態をきわめてよく表していることがわかる。

05 物体をのみ込む樹木

① パイプをのみ込む樹木

　樹幹が物体を押しのけたりのみ込んだりする現象は，幹に巻かれた棕櫚縄や針金，接触したガードレールやネットフェンス，長期間とりつけられたままの鳥居型支柱，接触した枝や他の幹など，さまざまな場面で見ることができる。樹木が物体をのみ込むとき，接触部分の下側よりも上側のほうの成長が旺盛になる（**図 8.37**（**写真 8.9**））ことが多いが，その理由は，まず接触刺激によりエチレンが発生し，また接触によって篩部を降りてくる糖やオーキシンが圧迫部分の上部に滞留し，エチレンとオーキシン，さらにはサイトカイニンの影響により肥大成長を速めるものと考えられている。しかし，まだ詳しいことはわかっていない。物体をのみ込む現象は樹皮の薄い樹種，たとえばプラタナスのような木のほうが樹皮の厚い樹種，たとえばクヌギやコナラよりも顕著である。おそらく接触応力の感知についてはコルクの薄い樹種のほうが厚い樹種よりも敏感なのであろう。ちょうど素手で物を掴むときと手袋をはめて掴むときとの

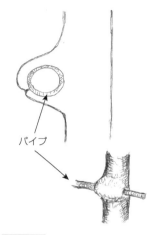

図 8.37　物体をのみ込んだ後の異常な肥大

写真 8.9　ガードレールのパイプをのみ込んだクスノキ

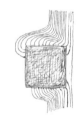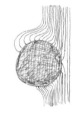

図 8.38　物体をのみ込むときの年輪成長

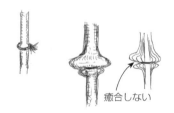

癒合しない

敏感さの違いのようなものであろう。物体をのみ込みはじめてから，年輪は**図 8.38**のような成長をして完全に癒合するが，ときに樹皮が形成され続けて癒合できず，樹皮を内包した状態で成長することがある。しかし，針葉樹類はのみ込み成長がうまくできず，材組織の癒合もうまくできない。

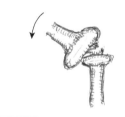

図 8.39　棕櫚縄を巻きつけられて放置されたクロマツの幹

たとえばクロマツに棕櫚縄を巻きつけておくと，**図 8.39** のような状態となり，上下の材が癒合することがなく樹皮が挟まれ続けるので枯れたり折れたりしやすくなる。

② 蔓との闘い

　樹木の幹がフジやツルウメモドキなどの巻きつき型蔓（つる）植物に絡まれると，はじめのうちは蔓が接触している部分で局部的に肥大成長が旺盛になり，蔓の巻きつき部分が**図8.40**（**写真8.10**）のように隆起してくる。この現象は目的論的には樹木にとって邪魔な物体を押しのけようとする行為だと考えられるが，おそらく接触刺激によるエチレンの発生，オーキシンの滞留などによって成長が速まるのであろう。しかし，幹に巻きついた蔓は簡単には外れたり切れたりはせず，たとえばフジは**図8.41**のような特殊な年輪成長をして断面を扁平にして幹を締めつける。それによって蔓に圧迫された部分の幹の形成層は壊死してしまうが，その周囲の形成層が急激な細胞分裂を開始し，蔓をのみ込んで組織をつなげようとする。その結果，**図8.42**のように螺旋状にくびれた形となる。その部分では軸方向の仮導管，木部繊維，導管の方向も螺旋状となり，幹に伝わる力の流れも螺旋状に旋回して伝わる。蔓との接触面には圧迫されて死んだ樹皮が残され，新しい樹皮は形成されないが，多量の抗菌性物質の沈着により病原菌などの侵入を防いでいる。しかし，樹木はいつも蔓との闘いに勝てるわけではない。樹勢が衰えていると圧迫部分に抗菌性物質を十分に蓄積することができず，著しい胴枯れ病や腐朽が生じることがある。また，針葉樹類は蔓に

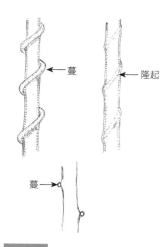

図8.40　蔓が接触した部分の隆起

写真8.10　蔓に巻きつかれた部分の隆起

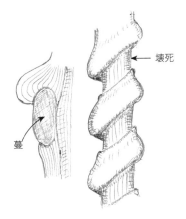

壊死

蔓

| 図 8.41 | 幹を締めつけるときの
フジの特殊な年輪成長 |

| 図 8.42 | ツルウメモドキの蔓を
のみ込もうとした幹 |

巻きつかれても，広葉樹類のようなのみ込み成長をすることができず，圧迫された部分が腐朽したり，樹木が細い場合は折れてしまったりすることが多い。

③ 樹皮の厚さによるのみ込み成長の違い

樹木は他の物体と接触した場合，相手をのみ込むような成長をするが，樹皮の厚さの異なる 2 種類の樹木が接触すると，**図 8.43** のように樹皮の薄いほうが厚いほうをのみ込むような成長をする。樹皮の薄い樹種のほうが敏感に反応するのは，樹木が他の物体に接触したことを感じた篩部柔細胞がその情報を維管束形成層に伝え，維管束形成層は局部的な成長を速めるためと考えられる。

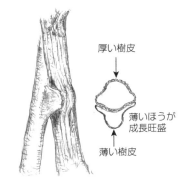

厚い樹皮

薄いほうが
成長旺盛

薄い樹皮

| 図 8.43 | 樹皮の薄い左側の木が厚い右
側の木をのみ込むときの成長 |

④ 植栽木での支柱の食い込み

　植栽木の支柱を長年つけたままにしておくと**図8.44**のような状態になることがある。樹木が接触反応で支柱をのみ込んだ結果であるが，支柱で固定されている幹下部は揺れなくなるので肥大成長は遅くなり，揺れる上部は早い。また，結束部では形成層と篩部が圧迫により壊死し，篩部を下降する糖などの光合成産物が下降できずに結束部より上部に蓄積される。この2つの要因によって幹上部が異常に肥大することがある。このような樹幹形の場合，根系もあまり発達していない。また，結束部が支点となって，強風のときに結束部での折損がしばしば発生する（**写真8.11**）。

写真8.11 　**幹にとりつけられた支柱をのみ込もうとして異常肥大したクスノキ**

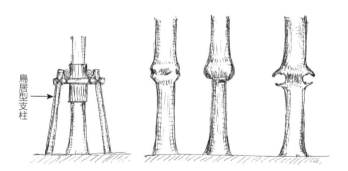

鳥居型支柱

図8.44 　**支柱結束部ののみ込みと異常肥大**

💡 木部液の上昇と篩部液の下降

根による水分と窒素・ミネラルの吸収は，根のごく先端すなわち樹皮がコルク化していない細根部分のみで行われているが，この吸収力は基本的には葉面からの蒸散力であり，蒸散が盛んに行われているときは細根部分の木部には負圧がかかっているので水分を吸収できる。しかし，夜間など葉が気孔を閉じている間や早春の展葉前の一時期は蒸散力が作用していない。その間の水分吸収は細胞膜の浸透膜作用による浸透圧と仮導管や導管の毛細管現象で水分吸収が行われている。しかし，浸透圧では硝酸態窒素やミネラルを吸収できないので，そのような無機養分の吸収には蒸散力と内皮細胞膜の"とり込む力"が必要である。光合成産物を含んだ水分が篩部を降下するには木部を上昇する水分の存在が不可欠である。木部を多量の水分が葉に向かって移動することによって細根部分に大きな吸引力が働き，それが前述のように土壌からの水分吸収力となっているのであるが，さらに篩部の水分を細根のほうに引きつける原動力ともなっていると考えられている。篩部の糖類や蛋白質，オーキシンなどの物質の移動には濃度勾配，細胞の膨圧による"押し出し"が大きく作用していると考えられている。

06 接触と癒合

① 枝や根の接触と癒合

　枝どうしが接触すると，同じ個体の枝であれば癒合して三角形や四角形の枠をつくってしまう（**図 8.45**）ことがあるが，このような癒合は根ではごく普通に見られる。癒合は，最初は互いに相手を押しのけようと，接触した部分の成長が旺盛になって盛り上がってくる（**図 8.46**）が，相手がどかないとなると，**図 8.47** のようにのみ込みにかかる。両者が同じことをやるときは，接触面はともに広がっていくが，互いののみ込み成長の先端部で，互いの形成層の角度が 180 度近くになると外樹皮がつくられなくなり，組織が癒合する。別の個体でも樹種が同じであればしばしば癒合する。樹種が異なる場合は相手をのみ込むような成長をしても，癒合現象はごく近縁の種類ではないかぎりまず生じ

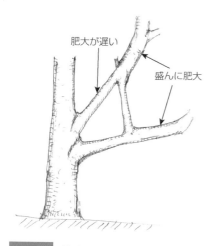

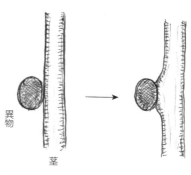

図 8.45	枝が癒合してつくる三角形の枠

図 8.46	茎に異物（他の枝やパイプなど）が接触すると接触部が肥大する

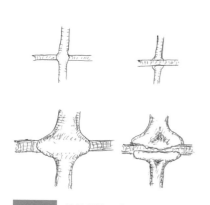

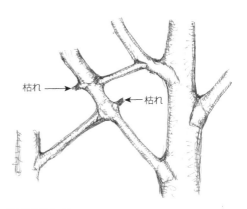

図 8.47	接触部分の成長

図 8.48	別の木の枝と癒合した後の枝の肥大成長

ない。枝が**図 8.48** のように別の木の枝と接触して癒合した場合，活力の高いほうの枝は順調に成長するが，活力の弱いほうの枝は癒合した部分より先が次第に衰退して枯れてしまう。枝が癒合して三角形が形成されると，三角形の部分は揺れなくなって肥大成長がきわめて遅くなるが，それより上は揺れるので，肥大成長は促進される。

　樹木の幹が接触している他の個体の枝をのみ込む状況（**図 8.49**）はしばし

ば観察されるが，同じ樹種の場合は組織的に癒合することもある。その場合，のみ込まれた枝の先端部分は枯れてしまうことが多いが，それは枝の木部を通って上昇する水が幹のほうに移動してしまい，枝の先端に水がいかなくなるからである。

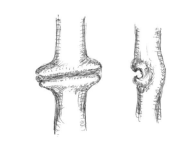

図 8.49 接触している枝をのみ込み，のみ込んだ枝が腐朽した後の幹

② 合体木

近接して生えた同種の樹木が大きくなると，樹木どうしは癒合し組織的にもつながって合体木となることがある。見かけ上は独立した個体だが根が癒合している例（図 8.50）は森林では普通に生じるが，幹が癒合して合体している例（図 8.51）は古い神社の巨木などで見かけることがある。普通，合体木は見ればわかるが，ときには同一根株から発生した複数のひこばえが大きくなったのか，異なる個体が合体したのか判別するのが難しいことがある。異なる個体の根が癒合すると，樹勢の強いほうの成長はますます盛んになり，樹勢の弱いほうの成長が抑制されるという現象がしばしば生じる。これは，弱いほうの根から吸収された養水分が強いほうの幹に多くいってしまい，また弱いほうの木が生産した光合成産物が成長の旺盛な木の根にいってしまうからであると考えられる（図 8.52（190 ページ））。

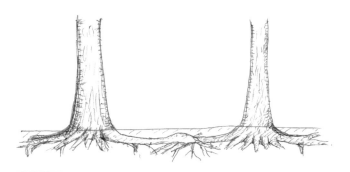

図 8.50 隣接木と根が癒合した例

同じ種類の高木性のユーカリ
苗を2本，数m離して植えると，
最初は2本とも順調に生育す
るが，あるときから急に成長に
差が生じ，太さも高さも著しく
異なってしまうことがしばしば
観察されている。これは双方の
根がぶつかって癒合し，一方の
木がより多くの養水分，光合成
産物を手に入れているからであ
ると考えられる。近接して生育
する異なる樹種が合体した場
合，一方の幹が相手をのみ込ん
で絞め殺してしまうか，肥大成
長で少しずつ押し合い，押し合

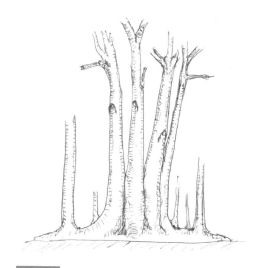

図 8.51　ひこばえが合体した例

いに負けて押されたほうが傾きを増すか押しつけられた部分の樹皮が壊死して
腐朽が入るかして，結局は枯れてしまうか倒れてしまう例が見られる。

07　絞め殺しの根

　街路樹などでは根元がしばしば**図 8.53**（**写真 8.12**）のような状態になって
いるのが観察される。これはきわめて狭いところで根が成長したために，自分
の首を絞めるように根が絡みついて成長し，根元の肥大成長によって絡みつい
た根が引き伸ばされ，ときには切断されたり根元にくい込んだりするからであ
る。このような根をガードリングルートあるいはストラングラールートという。
どちらも絞める根，絞め殺す根という意味である。森林でもこのような根が見
られることはあるが，そう多くはない。絞め殺しの根が発達すると樹木の根元
にくい込み，その部分の樹皮は圧迫されて壊死するが，徐々に締めつけられて
樹皮が死ぬ場合は抗菌性物質がその部分に蓄積されるので，普通，腐朽菌など
は侵入できない。また，物体をのみ込むときのように周囲が成長して包み込み，
完全に癒合してしまうことがある。しかし，のみ込んだり壊死したりした部分

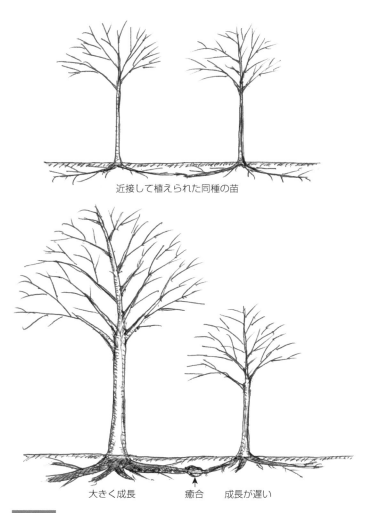

近接して植えられた同種の苗

大きく成長　　　　癒合　　成長が遅い

図 8.52　**根の癒合による著しい成長差**

が傷つけられると，病原菌などが侵入して根株腐朽を招くことがある。土壌が固結しているためにごく浅い層を水平に伸びる根は，肥大成長して太くなると**図 8.54** のように太くなった分だけ土壌表面にとび出てくる。根は根元から放射方向に伸びる。根は多くの側根を出すが，側根も深くは潜れないので地表面を這い，必然的に根どうしがぶつかって，一方が他方の上にのり，多くの場合

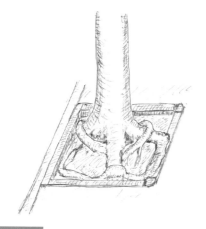

図 8.53　公園木や街路樹に多い絞め殺しの根

写真 8.12　クヌギの根元の絞め殺しの根

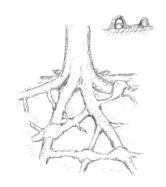

図 8.54　固結した土壌に伸びる浅い根系

写真 8.13　硬く締まった土壌で地表を四方に這うエノキの根

は癒合する。ゆえに，土壌表面が硬く固結したところに生育する樹木は，根系が至るところで癒合してネットワークを形成している。放射方向に伸びた根やその根から発生した側根のなかには，自分の根元を一周するように伸びていくものが時折発生し，その根は必然的に根元に絡んだり巻きついたりするが，土壌が固結している場合，絞め殺しの根は一層頻繁に発生する。土壌が硬く締まっているが，それ以外には障害物がない場合，根は地表を這うように四方八方に伸びていく（**写真 8.13**）。

08 薪炭林の木の根元の肥大

1950年代までは都市の近郊に多くの薪炭生産林いわゆる雑木林があったが，大部分は宅地開発されたり工業団地となったりして，今ではかなり少なくなっている。わずかに残されている雑木林に行くと，長年放置されたために薪炭用として扱うには難しいほど大きく成長しているが，よく見ると多くの木が株立ち木になっており，その根元が膨らんでいるのがわかる。根元近くで伐採された木の根元にある潜伏芽から発生するひこばえは**図8.55**のように成長するが，切られた時点の形成層の位置より内側の材は，いずれは腐朽して空洞化し，新たに形成された年輪が積み上がってひこばえを支えるようになる。幹が切断された時点で，葉からの光合成産物供給が完全に途絶えるので，樹木は幹下部や根株に貯蔵していた糖や澱粉を使ってひこばえを発生させる。ひこばえが育って十分な光合成能力が回復するまでは，根株に貯蔵されている糖などの物質は消費される一方である。そのため，伐採される時点の根系の先端ではエネルギー不足が生じて根系先端部分から壊死していき，根元に近い部分の太い根から少量の側根が生じる。ゆえに，地上部の伐採によって根系にも腐朽が入る（**図8.56**）。

| 図 8.55 | 切株の潜伏芽から発生するひこばえ |

根元近くの細根
根系先端が壊死

| 図 8.56 | 幹の切断によって根系先端から入る腐朽 |

残されたわずかな幹と根株の両方の腐朽は早晩つながるが，切断後に形成されたひこばえが供給する光合成産物が多くなって根元および根系の肥大成長が旺盛になると，貯蔵される糖なども次第に多くなる。

江戸時代から盛んに育成されるようになった薪炭林は地域によって伐採間隔が異なるが，おおむね 15 〜 25 年の間隔で伐採されてきた。そして根株のひこばえを出す能力が減少する樹齢 100 年くらいになると，新たに改植したり農地に転換したりしたようである。樹齢 100 年前後でひこばえを出す能力が下がる理由は，地上部が何度も伐採されることによって根株の腐朽が進み（**図 8.57**），根株に貯蔵できるエネルギー量が低下して潜伏芽を活性化させる能力が低下することと，樹皮が厚くなってひこばえのもととなる潜伏芽が厚い樹皮を突き破ることが難しくなるためと

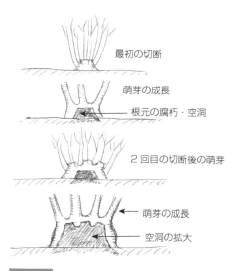

最初の切断

萌芽の成長

根元の腐朽・空洞

2 回目の切断後の萌芽

萌芽の成長

空洞の拡大

図 8.57 薪炭伐採のくり返された根株の腐朽

図 8.58 クヌギ，コナラの幹下部の歪んだ紡錘形肥大

写真 8.14 コナラの根元の異常肥大

考えられる。あるいは，潜伏芽そのものが不完全にしか形成されなかったり，活力が低下したりするのかもしれない。

　クヌギやコナラの雑木林では，樹木の幹下部の高さ1m前後の部分が**図8.58**（**写真8.14**）のようにいびつに膨れ，樹皮も荒れているのをよく見かける。これは昔，子どもたちがカブトムシを集めるために樹皮を傷つけて樹液を出させた部分から腐朽が入り，樹木が傷ついた樹皮を塞ぎ，さらに力学的欠陥を修復しようと肥大成長を促進したためと考えられる。おそらくシロスジカミキリやボクトウガの幼虫の穿孔も関係しているのであろう。

CHAPTER

9 樹木の防御反応

　樹木は何百年，ときには千年以上も同じ場所で生活し動くことができない。よって，気候・気象の変化や他の生物からの攻撃に対してまともに向き合わなければならない。樹木の成長の良否は生育地の立地環境に多大な影響を受けるが，樹木はそのような状況に巧みに適応し，今日まで生き抜いてきた。すなわち，環境に応じて樹形を変え，体内の生理的な状態も変える。さらに，暴風による倒伏や枝の折損，あるいは病害虫の攻撃に対しても柔軟に対応し，きわめて高い防御力を発揮して成長し続ける。逆にいえば，このような高い柔軟性や防御力があるからこそ長命で巨大に成長することができるのであろう。

01 病害虫に対する樹木の防御反応

① 罹病に必須の三要因

　植物が病気に罹るときは，病害の三要因，すなわち主因（菌類，細菌，ウイルスなどの病原菌と，寄生動物や寄生植物などと非生物因子を合わせた病原），素因（植物の抵抗力低下や感染しやすい遺伝的な要因），誘因（乾燥，過湿，土壌固結などの立地環境の不良）のすべてが揃う必要がある。これらの三要因は相互に複雑に絡み合っており，土壌環境の劣化による生育不良，あるいは過度の剪定のように，誘因と主因が区別のできないことがしばしばある。

2 宿主と病原

病気（病害）の原因となる虫，微生物，植物，動物，毒性物質，その他を一括して病原という。生物の場合を病原体といい，そのなかでも微生物の場合を病原菌あるいは病原微生物という。植物にとっての病原菌の大半は菌類である。

昆虫や線虫も病気の原因となるが，日本では昆虫被害を虫害と呼んで病害と区別している。しかし，病害と虫害の境界はあいまいであり，このような区分は意味をなさないので，すべてを病害とみなす考え方もある。一般的にダニ類による被害は虫害とはみなされず虫害図鑑には記載されていないことが多いが，病害図鑑にも記載されていないので，ダニ類による被害は判別が難しいものが多い。病原体に侵されて病気に罹る（寄生される）生物を宿主あるいは寄主という。植物の場合は宿主植物という。

3 病原体に対する樹木の防御反応

ウイルス，細菌，菌類，動物，藻類などの病原体からの攻撃に対する植物の防御機構は静的抵抗性と動的抵抗性の2つに大別される。

◆**静的抵抗性**　　植物は大きな傷が生じたり病原体の侵入や接触が生じたりしたときに，その拡大を受けないようにあらかじめ防御機構を備えている。

＜物理的抵抗性＞

- **表皮細胞壁**：表皮の細胞壁の厚さとリグニン化（木化ともいう）やケイ化（ケイ酸 SiO_2 の細胞壁への沈着）による硬さは植物体の表面における第一線の防御層である。プラントオパール（植物体内のケイ酸）による表皮の硬さはイネ科やカヤツリグサ科，サボテンなどでよく知られているが，樹木でもカシ類やイスノキなどの葉，バラ類の棘などの例がある。

- **外樹皮のコルク化**：肥大成長により表皮が破壊された後に形成される外樹皮は構成細胞の細胞壁がスベリン化（コルク化）しており，原形質が消失した中空の死細胞であるので，ほとんどの昆虫や微生物は突破することができない。

- **表皮上のクチクラワックス**：表皮の上を覆っているクチクラ層はクチンとワックスの二重層となっており，ほとんどの病原体にとって突破できない障

壁である。

＜化学的抵抗性＞

- **健全な樹体内に多量に含有される抗菌物質**：多くはポリフェノール類（タンニン酸，カテキンなど）である。以前はプロヒビチンと総称された。
- **精油細胞，樹脂細胞**：多くの樹種は柔細胞の一種として揮発性の精油を分泌する精油細胞と樹脂を分泌する樹脂細胞を葉，樹皮，材，根にたくさんもっている。これらは動物の摂食や病原体に対する忌避効果を発揮する。
- **正常樹脂道**：材における正常樹脂道は日本産針葉樹ではマツ科のマツ属，トウヒ属，カラマツ属，トガサワラ属の4属に見られる。軸方向に長い垂直樹脂道と横断方向に長い水平樹脂道（放射組織内に形成される）があり，これらの樹種には若い枝の1年目の樹皮にも正常樹脂道が形成される。生産される樹脂は主に不揮発性の精油（テルペン類）と有機酸である。栄養の貯蔵の役割を果たしていると考えられるが，傷つくと多量の樹脂を生産して滲出し，傷口を塞いだり病原体を固定したりする。1年分の年輪の晩材部分に形成される。なお，スギなど材に樹脂道を形成しない樹種でも樹脂細胞はもっているが，やはり晩材部分に多くが存在する。
- **乳管細胞からの乳液の滲出**：樹皮が傷つくと，篩部に普段から用意されている乳管細胞からラテックス（蛋白質，アルカロイド，糖，油，タンニン，樹脂，天然ゴムを含む複雑なエマルジョン）やサポニン（サポゲニンと糖からなる配糖体の総称）を含む乳液（高分子テルペン主体の懸濁液）を滲出させる。栄養貯蔵の役割を果たすが，有毒物質を含んだり苦みがあったりするため，動物の食害を防ぐはたらきがあると考えられ，滲出して外気に触れると硬化し，傷口を覆ったり病原体を固めて閉じ込めたりする。

◆動的抵抗性　病原体が植物に接触したり侵入したりすると，植物は防御のために化学物質を生成する反応を起こす。この反応は接触・侵入部位の近辺に限定された局部的な反応と，全身的な反応の両方がある。全身的な反応には篩部柔細胞がかかわっており，また近年多くの研究者に植物ホルモンと認められているジャスモン酸やエチレンもかかわっている。

- **過敏感反応**：傷の発生，病原体の侵入などが生じると，宿主植物の傷あるいは侵入部位の周囲の生細胞が生理的，生化学的，形態的に急激な反応を示すことをいう。過敏感反応の一種で，傷あるいは病原体の侵入部位の周囲の生

細胞の原形質流動が停止して死ぬことを過敏感細胞死という。細胞が死ぬ際に多量の抗菌性物質（多くはポリフェノール類）を生産して防御層（防御帯）を形成し，侵入病原体の拡大を抑える。

- **パピラの形成**：クチクラおよび表皮を破って侵入するうどんこ病などの病原菌の菌糸の周囲を囲むように宿主植物の生細胞内に乳頭状の構造物がつくられることがあり，これをパピラ（病原体防御壁）と呼んでいる。パピラの構成成分は多様であるが，一般的にはリグニンなどのフェノール性化合物，カロース（グルコースが重合した多糖），活性酸素，細胞壁蛋白質，ペクチン，キシログルカン，パーオキシダーゼ（酸化還元酵素の一種）などが含まれる。

- **感染特異的蛋白質の生成**：病原体の感染により宿主植物ではきわめて多くの遺伝子が発現し，それらの遺伝子に対応する蛋白質が生成されるが，そのなかに感染特異的蛋白質と呼ばれる一群の蛋白質がある。その蛋白質群のなかには糸状菌に対して抗菌的に作用するグルカナーゼ（グルカンをグルコースまで分解する加水分解酵素）やキチナーゼ（キチンを分解する加水分解酵素），細胞壁の木化（リグニンの展着）に関与するパーオキシダーゼなどがある。

- **抗菌性物質（ファイトアレキシン，フィトアレキシンともいう）の生成**：多くの植物は傷が生じたり病原体が侵入したりしたときに新たに低分子の抗菌物質を生合成し，体内に蓄積させる。ファイトアレキシンは健全な個体には含まれておらず，ストレスが生じたときに初めて生成されるが，その前駆体は事前に用意されている。ファイトアレキシンの種類は多様で特定の物質をさす用語ではないが，植物の種類によって生成される物質は決まっている。

- **細胞壁の硬化，木化，コルク化**：植物に傷が生じたり病原体に感染したりすると，患部の周囲の細胞の細胞壁がリグニン化（木化。ストレスにより細胞壁に展着・蓄積されるリグニンをストレスリグニンという）したり糖蛋白質の架橋形成により硬くなったりして病原体の侵入と拡大を防ぐ。さらに，細胞壁がスベリン化（コルク化，**図9.1**）する場合もある。

- **傷害樹脂道の形成**：多くの針葉樹では，樹皮が傷つくと，篩部の形成層付近に傷害樹脂道が形成される。マツ科樹種は材に正常樹脂道をもつ樹種が多いが，モミ類やツガ類は正常樹脂道をもたない。しかしそれらの樹種も樹皮が傷つくと，最も新しい年輪に傷害樹脂道が形成される。傷害樹脂道形成にはエチレン（ストレスエチレン）が深く関与している。大きなストレスを受けてから完成までに1〜2か月を要するといわれている。マツ科樹種では樹

皮が傷を受けて材がむき出しになった時点で、材のいちばん外側の年輪に軸方向に長く接線方向に並んだ樹脂道が形成される。水平方向すなわち放射組織には形成されない。スギやヒノキでは材に傷害樹脂道は形成されないが、内樹皮の篩部には形成される。スギやヒノキの材には樹脂道はないが、樹脂細胞はたくさんあり、傷つくと芳香を

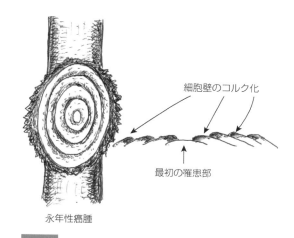

細胞壁のコルク化

最初の罹患部

永年性癌腫

図9.1 永年性癌腫罹病部の材のコルク化

放つ。セコイアとメタセコイアの材には傷害樹脂道が形成されることが確認されている。その傷害樹脂道は軸方向に長い樹脂細胞（エピセリウム細胞）のみで構成され、正常樹脂道に比べて大型である。特に大きな樹脂道を樹脂嚢という。傷害樹脂道はサクラ類のように一部の広葉樹の内樹皮にも形成される。広葉樹の傷害樹脂道で生産される樹脂はラテックスのようなゴム状物質を含むことがあり、またしばしばフェノール性物質を含んでいるので、かぶれることがある。

- **傷害周皮の形成**：外樹皮が傷ついたり欠けたりすると、内樹皮である篩部の柔細胞が細胞分裂を開始して傷害周皮を形成し、再び外樹皮で覆われるようにする。傷害周皮や傷害樹脂道の形成はストレスエチレンやジャスモン酸によって誘導あるいは調節される。

02 キリンとアカシアの関係

アフリカのサヘル地域はサバンナといわれる疎林が発達している。このサバンナに生育する樹木でもっとも多いのが有棘のアカシア類である。キリンはこのアカシア類の枝葉や棘をものともせずに好んで食べる（**図9.2**）。しかし、

ある程度食べると突然食べるのを止めて遠くの木に移動してしまう。その理由は、キリンの摂食に対して樹木がエチレンやサリチル酸メチルを盛んに分泌し、その信号によって内樹皮や葉にフェノール性などの抗菌物質が蓄積され、味が苦くなるからといわれている。エチレンは気体であり、サリチル酸メチルも揮発性なので、周囲の樹木にもその信号が伝わり、周囲の樹木も同様に苦味成分を増す。キリンは体内に解毒のための酵素をもっているので、少々の毒

図9.2 アカシアを好んで食べるキリン

では引き下がらないが、次にアカシアは蜜腺から蜜を分泌して攻撃性の強いアリを呼ぶ。その段階でキリンは摂食を中止し、その情報が届いていない遠くまで移動すると考えられている。ある地域のアカシアを絶滅させるまでキリンに食べさせることのないようにする自然の絶妙なしくみであろう。同様の現象が多くの樹木で虫の食害などを受けたときにも観察されている。

しかし、硬実植物であるアカシアの種子が自然界で発芽するにはキリンなどの動物の体内を通り抜けることが必須なので、キリンとアカシアは共生関係にある。キリンの糞中に消化をまぬがれて混じったアカシアの種子は“肥料付き”で発芽成長することができる。なお、アカシアのような硬実は、同じ草食動物でも、キリンなどの偶蹄類よりはシマウマなどの奇蹄類に食べられて排泄されるほうが実生の発芽率がずっと高いようである。

サリチル酸メチルは植物ホルモンとして近年認められるようになったサリチル酸の前駆体であるが、植物によってその分泌量は大きく異なり、たとえばカバノキ科のミズメ（アズサあるいはヨグソミネバリともいう）の枝を折ったり樹皮を傷つけたりすると発生する特有のにおいは、このサリチル酸メチルである。

03 正常樹脂道と傷害樹脂道

　生きたマツを傷つけると傷口にヤニが溢れてくるが，ヒノキを傷つけてもヤニは溢れてこない。しかし，ヒノキの材を傷つけると強い香りが発せられる。この香りはヒノキの材中にある樹脂細胞から発せられるテルペン類であるが，ヤニとしてすぐに溢れてこないのは樹脂細胞が散在していることと揮発性が強いからである。一方，マツ材は樹脂道という組織が材中にあり，傷つけるとすぐにヤニを溢れさせて傷を埋めてしまう（**写真 9.1**）。樹脂道は**図 9.3**のように一年輪のうちの晩材に形成され，樹脂細胞であるエピセリウム細胞が環状に並び，そのなかが大きな細胞間隙となっている状態である。成長過程で材中にこのような樹脂道が形成される場合，これを正常樹脂道というが，樹脂道のなかには傷ついた部分に形成されるものもある。これを傷害樹脂道という。材に正常樹脂道をもつ樹種はほぼマツ科樹木に限られるが，同じマツ科でもモミ類は材中に正常樹脂道をもっていない。材における傷害樹脂道はモミ類を含めてすべてのマツ科樹木に見られ，またセコイアやメタセコイアなどにも見られる。正常樹脂道は分散しているのに対し，傷害樹脂道は連続的に形成されるという特徴がある。

　正常樹脂道と傷害樹脂道は樹皮にも見られ，マツの若い枝の一次篩部（頂端分裂組織の分裂によって生じたシュートの内樹皮）には正常樹脂道が存在する。正常樹脂道は維管束形成層によってつくられる二次篩部には存在しないので，最初の樹皮が肥大成長によって破壊されると，樹皮には正常樹脂道はなくなってしまう。しかし樹皮が傷つくと，新しい篩部組織の形成によって押し出された古い篩部柔細胞によって傷害樹脂道が形成される。スギ材に正常樹脂道はなく傷害樹脂道もつくらないが，樹皮には傷害樹脂道がしばしばつくられる。強風が吹いた後，1週間ほど経ってスギ林に行くと樹皮表面に赤いヤニがたくさん流れている

写真 9.1 マツ科樹木の枝の切断後の樹脂流出

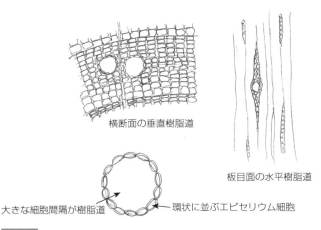

横断面の垂直樹脂道

板目面の水平樹脂道

大きな細胞間隔が樹脂道　　　　　　環状に並ぶエピセリウム細胞

図 9.3　**垂直樹脂道と水平樹脂道の断面**

ことがある。これは樹幹が強く曲げられたために篩部組織が傷つき，そこに傷害樹脂道が篩部柔細胞によって形成されたものである。ちなみに，針葉樹は葉に樹脂道をもっており，特にマツ科樹木には多いが，イチイの葉には樹脂道がない。

広葉樹類はあまり樹脂道をつくらないが，サクラ類は樹皮に傷害樹脂道をしばしば形成する（**写真 9.2**）。サクラの生きた枝を剪定して 1 〜 2 週間ほど経ってから切り口を観察すると，最初は透明で，次第に茶褐色となるヤニが樹皮と材の間から漏れ出ているのが観察される。スギ材やヒノキ材の場合，樹脂道がないのに材中にヤニ

写真 9.2　**サクラの樹皮から漏れるヤニ**

が溜まっていることがある。これを"ヤニ壺"あるいは"ヤニ条"というが，ヤニ壺はもめや亀裂が生じた部分に周囲の樹脂細胞から分泌された樹脂が時間をかけて溜まった状態である。ちなみに材中に樹脂道をもつマツ科樹木ではヤニ壺やヤニ条はかなり大きくなることがある。

04 傷害周皮

　樹皮の薄い木の幹に釘で相合
傘を書くと，その形でコルクが
浮き上がってくる。それはそこ
に傷害周皮が形成されたためで
ある。傷害周皮の形成は樹木の
防御反応の一種であるが，健全
な部分よりもコルク生産が多
い。そして一度<ruby>一度<rt>ひとたび</rt></ruby>形成されると，
その部分が連続的に周皮となる
ので，釘で傷つけられた部分の
コルク（**図 9.4**）は脱落しやす
いが，すぐに再生されるので，

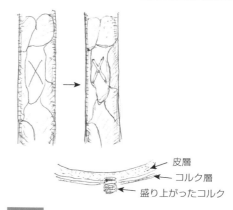

図9.4　傷害周皮形成による幹の傷の浮き上がり

いつまでたっても消えない。ソメイヨシノの幹では，コスカシバ幼虫による食
害部分が他の健全な部分よりも樹皮が厚くなっているが，これも食害部分に傷
害周皮が形成されるためと考えられる。

05 枝の防御層

　苗木時代にあった樹木の枝は，樹木が大きく成長した段階ではほとんどすべ
てなくなっている。また，樹冠の成長によって日照が遮られる幹に近い部分で
も，枝は枯れて脱落している。つまり，樹木は無数の枝を脱落させながら成長
する生物である。これらの枝の脱落に大きな役割を果たすのが風や雪による物
理的な力と腐朽菌による材の腐朽である。枝は何らかの理由で枯れたり折れた
りするが，そこに腐朽菌が侵入し，細胞壁が破壊されて物理的強度が減少し，
わずかな風でも脱落するようになる。腐朽菌は樹木にとって邪魔な存在となっ
た枯れ枝の脱落に大きな役割を果たしており，ある意味では樹木と腐朽菌は共
生関係にあるといっても過言ではないが，その腐朽菌が幹や大枝の材にまで侵
入して細胞壁を侵すようになると，樹木は立ち続けることができない。枝が枯

れるたびに腐朽菌が幹に入って
きたのでは大きく成長すること
がはじめから不可能になる。そ
こで樹木は，枝が傷ついたり枯
れたりした場合も，幹に腐朽菌
などが侵入しないように巧妙な
防御層を形成している（**図9.5**）。

枝は他の枝から糖などの光合
成産物をもらうことができず，
光合成産物に関しては自らつく
るしかないので，枝が何らかの
原因で光合成が十分にできなく
なり生産よりも消費のほうが多
くなるとその枝は枯れてしま
う。枯れるという現象をよく見
ると，実は樹木が"赤字経営"
に陥った枝を枯らしていること
がわかる。枝が枯れる段階で，
前掲**図3.14**に示したトランク

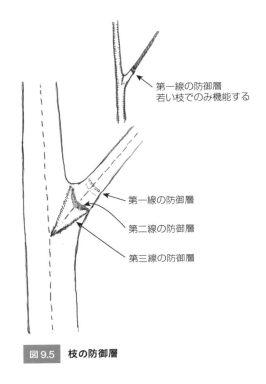

第一線の防御層
若い枝でのみ機能する

第一線の防御層

第二線の防御層

第三線の防御層

図9.5 **枝の防御層**

カラーと枝の境界付近で，枝に水を送る導管細胞や仮導管細胞，力学的に体を
支える繊維細胞に接する柔細胞のはたらきによって，これらの死細胞にチロー
ス現象やゴム状物質の蓄積，細胞壁におけるリグニンの増加やスベリン化が起
きて水分通導機能の閉塞が生じ，枝に水が供給されなくなる（第二線の防御層，
図9.6（**写真9.3**））。

枝が枯れる段階で閉塞現象が起きるのと同じ場所に，広葉樹では主にフェ
ノール性物質，針葉樹では主にテルペン類の蓄積が生じて強力な防御層が形成
される。しかし，防御層は一層ではなく，弱いけれども細い枝のなかにも形成
されることがある（第一線の防御層，**写真9.4**）。枯れたり弱ったりした枝で
樹皮の胴枯れ症状，材の変色，腐朽などが生じても，通常，病原菌などはこの
防御層に阻まれて，それ以上なかに入ることができない。枯れた枝は当然のこ
とながら狭義のブランチカラーを形成できず，幹の形成層が形成するトランク
カラーのみの成長となるので，広義のブランチカラーの肥大成長は遅くなる。

204

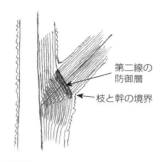

図 9.6 トランクカラーと枝の境界に形成される防御層

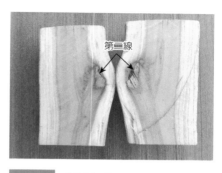

写真 9.3 広葉樹の第二線の防御層

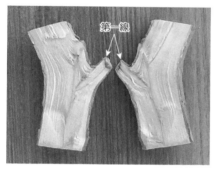

写真 9.4 広葉樹における第一線の防御層。細い枝でのみ機能

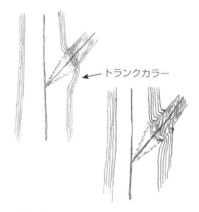

図 9.7 枯れた枝を包むように成長するトランクカラー

しかし枝の成長が完全に止まってしまうので，広義のブランチカラーと枯れた枝との境界に明瞭なくびれが生じる。このくびれは枝が衰退した状態でも生じ，また枝が元気でもトランクカラーの成長のほうが旺盛なためにほとんどすべての分岐部に明瞭に認められる樹種もある。トランクカラーの先端は枯れた枝を徐々に包み込んでいく（**図 9.7**）が，枝が腐朽したり落下したりした段階で内側に巻き込むような成長を示す。

　枝が枯れたり衰退したりしなくとも，毎年枝が成長する過程で，トランクカラーが狭義のブランチカラーの上を覆って枝を環状に包んでいる部分に，柔細胞から分泌されるポリフェノール類などの抗菌物質が蓄積され，非常に強力な防御層が形成される。そのため枝が枯れて腐朽が進み，トランクカラーの先端

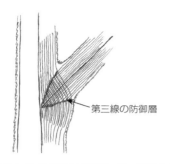

第三線の防御層

| 図 9.8 | 枝が成長する過程でその周囲を包む
トランクカラーに形成される防御層 |

| 写真 9.5 | 広葉樹の第三線の防御層 |

部付近で形成される防御層が弱くて腐
杇菌などに突破されても，通常は枝の
範囲だけの腐杇で終わり，幹の組織に
は侵入できない（第三線の防御層，**図
9.8**（**写真 9.5，9.6**））。ときには幹の
組織に腐杇が入り込んでいるように見
えることもあるが，多くの場合，狭義
のブランチカラーが急激に方向転換し
て幹の軸に沿って下方に伸びている部
分で終わっており，それ以上の腐杇は
完全に阻止されていることが多い（**図
9.9**（**写真 9.7**））。防御層は髄にも形
成される（**写真 9.8**）。

| 写真 9.6 | 材に埋もれた枝の組織をとり
まく第三線の防御層 |

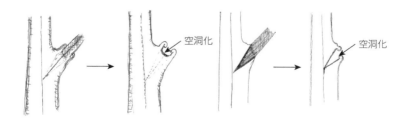

空洞化

空洞化

| 図 9.9 | 枝の組織内のみの腐杇 |

写真 9.8 　髄に形成された防御層

写真 9.7 　枝の組織が完全に腐朽してなくなっても，幹には腐朽は進行していない

06 　幹の防御層

1 　防御層形成

　枝の防御層が弱かったり幹が傷ついたりすると，さまざまな菌が幹に侵入してくる。樹木はその拡大を次のような防御反応により防いでいる。樹皮が傷ついて腐朽菌などが木部に侵入すると，菌糸は最初にほぼ空洞状態の導管や仮導管のなかを速やかに伸びていこうとする。樹木はそれを阻止するために，導管，仮導管に接している柔細胞が，菌糸の侵入している最先端の部分に，樹脂状物質やゴム状物質を滲出させたりチロース現象を起こしたりして閉塞しようとする。また導管，仮導管の細胞壁にもリグニン，スベリン，ポリフェノールなどを沈積させて菌がそれ以上侵入できないようにする（**図 9.10**）。

　腐朽菌などの放射方向つまり幹の中心方向への侵入に対しては，各年輪の晩材部分が防御層となる（**図 9.11**）。晩材を構成する細胞は早材の細胞よりも細胞壁が厚くリグニンやプロヒビチンの蓄積が多くなっているので，腐朽菌などに対してかなりの抵抗性を示すが，さらに晩材部分の生きた柔細胞が防御反応を示してインヒビチン，ポストインヒビチン，ファイトアレキシンなどを生成

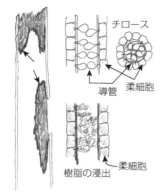

チロース

導管　柔細胞

樹脂の浸出

柔細胞

導管・仮導管の閉塞

図 9.10　軸方向への菌の侵入に対する防御反応

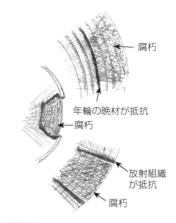

腐朽

年輪の晩材が抵抗

腐朽

放射組織が抵抗

腐朽

図 9.11　放射方向と接線方向への菌の侵入に対する防御反応

する。なお，以前はファイトアレキシン（傷ついたり病原が侵入したりすると新たに生合成する抗菌活性物質の総称），プロヒビチン（健全な植物体にも存在し，常に抗菌作用を果たす物質），インヒビチン（健全な植物体に低濃度で存在し，傷ついたり病原等が侵入すると濃度を増す抗菌物質），ポストインヒビチン（健全な植物体には前駆体が存在し，傷ついたり病原が侵入したりすると抗菌物質に変わる物質）と分けていたが，厳密にプロヒビチン，インヒビチンおよびポストインヒビチンを区分することが困難なことから，現在はファイトアンチシピン（植物が生産する低分子の抗菌活性物質）にまとめられている。すなわちファイトアレキシンとファイトアンチシピンの2区分とすることが多い。

　腐朽菌などの接線方向への侵入に対しては主に放射組織が防御層として働く。放射組織はほとんど柔細胞で構成されており，腐朽菌などの侵入に対して敏感に反応し，隣接する導管や仮導管のなかや細胞壁に防御物質を送る。幹におけるもっとも強力な防御層が，樹皮が大きく傷ついた時点の維管束形成層の位置に幹全体で形成される。樹皮が傷ついたという情報が形成層に伝わり，形成層に接する木部柔細胞が反応してその位置にリグニン，ポリフェノール類，フラボノイドなどを沈積させ，さらに大きく傷ついたという情報が伝わったのち，形成層は最初に強い防御物質を生産できる木部細胞を分裂し，その細胞はすぐに死ぬが，その際に強力な防御物質を多量に生産し，その位置にきわめて

強力な防御層が形成される（**図9.12**）。木部に侵入した腐朽菌は消化酵素を体外に分泌して徐々に木材を分解し腐朽させていくが，前述の防御層によって拡大を阻止される。防御層を突破できない腐朽菌は可能な範囲を食べ尽くすと，もう食べる物がなくなってしまうので衰退し，さらに材がぼろぼろになったために侵入しやすくなった雑菌やアリ

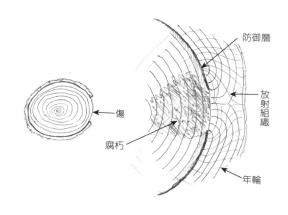

図9.12　傷ついた時点の形成層の位置に形成される防御層

などの虫に食われて死滅してしまう。樹木の空洞とは腐朽菌が防御層に囲まれた内側の材を食べ尽くした状態であり，穿孔虫類やアリも空洞化を促進する。

　病原の軸方向への侵入に対する導管，仮導管の閉塞による防御層，放射方向の侵入に対する年輪の晩材の防御層，接線方向の侵入に対する放射組織の防御層はいずれも病原に対する局部的な反応であり，あまり強力ではない。しかし，これらの防御層が弱くて腐朽菌の拡大を阻止できなくとも，普通，傷ついた時点の維管束形成層の位置に形成された防御層は強力であり，その後に形成される新しい年輪への腐朽菌の侵入を阻止する。その結果，木部における最低限の通導機能が維持され，樹木は生き続けることができる。もし軸方向，放射方向への腐朽菌の拡大が，これらの組織の抵抗反応によって10年，20年と時間を要することになれば，その間に形成層は十分な厚みの材をつくることができ，木は立ち続けることができる。しかし，形成層の位置での防御反応は全身的あるいはそれに近い反応であり，防御層形成によって菌ばかりではなく水や窒素，ミネラル，その他の代謝産物の放射方向への移動も阻止されてしまうことになるので，樹木は傷ついた時点の形成層の位置より内側の柔細胞に蓄積していた澱粉などの物質を使えなくなってしまう。また数年分あるいはそれ以上の年輪で水分通導を行っている樹種では，防御層形成以降に形成された年輪でしか水分通導が行えなくなってしまう。ゆえに，大きく傷ついた後に新たな年輪形成を順調に行えない場合，樹木は枯死してしまうことがある。

② ボタン材

スギやヒノキの幹断面に**図9.13**のような褐色あるいは黒褐色の星型の変色が現れることがある。これは枝打ちの際の傷や枯れ枝，あるいは幹の樹皮が落石などによって傷ついた部分から材変色菌が侵入して徐々に拡大し，星や花びらの形に偽心材が形成された状態であり，ボタン材という（**写真9.9**）。星型の突起の外側に着色されていない材があるのは，樹木の防御反応によって傷ができた時点の形成層の位置に防御層が形成され，それ以降に形成された材には変色菌が侵入できないためである。

図9.13　ボタン材

写真9.9　枝打ちの傷から侵入した変色菌によって生じたスギのボタン材

③ 偽心材

心材は幹の断面の中心から一年輪ごとに木材中の細胞すべてが死んで細胞壁のフェノール性物質含有量が高くなって，通常は淡褐色や赤褐色，ときには黒褐色を呈した状態であり，生理的には健全な反応である。偽心材は樹皮の傷や病害虫の侵入によって本来ならば辺材の状態である部分の細胞がすべて死に，フェノール性物質等の濃度が高くなり，材色が濃くなって一見すると心材のように見える状態である。ボタン材は偽心材の一種である。

07 胴枯れ症状

① 皮焼け現象

　樹木の幹が軸に沿って溝状に腐朽している現象（**図9.14**）は森林でも公園でもしばしば見られるが，特に街路樹ではよく発生する。この現象を造園では"皮焼け"あるいは"日焼け"と呼んでいる。樹木は葉での光合成と蒸散に利用する水の大部分を幹のもっとも新しい年輪を使って上昇させている。その水が夏の厳しい西日を幹が直接受けても樹皮が壊死しないように，維管束形成層や篩部を冷却するはたらきをしている。普通，幹を上昇する水の速さは部位によって，また樹木の活力状態，天候状態，土壌状態などによってかなり異なるが，健康な樹木では夏期晴天の日中で，遅くても1時間に数十cm，速ければ数mにもなる。ところが移植や日常的な管理による強度の剪定，根切りなどによって葉からの蒸散量が著しく減少すると，幹の木部を上昇する水分の速度も著しく遅くなり，1時間に数cm以下ということもある。このような状態のときに強い日射が幹に当たると，特に樹皮の薄い樹種では，篩部および維管束形成層が暖められ，それが連日続くことによって細胞が壊死し，皮焼け現象が引き起こされる。つまり，もっとも外側の年輪を上昇する水の冷却効果が働かなくなっているのである。

　また皮焼け現象にはもうひとつの原因がある。それは枝が剪定されることによって，その枝から光合成産物の供給を受けていた枝の直下部分が，栄養不足のために病原菌などに対する抵抗力を失い，傷から侵入した胴枯れ性病菌のために枝の切り口から下方に向かって溝状に壊死し，そこから二次的に腐朽菌が侵入して"溝腐れ症状"を呈することである。

　以上の2つの原因は相互に関係し合っており，これら2つの原因が重なると著

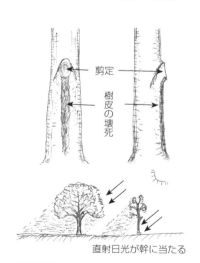

剪定

樹皮の壊死

直射日光が幹に当たる

図9.14 　皮焼け現象

しい溝腐れ症状を引き起こす。もし樹勢が
よく，枝の剪定傷もなく，葉量が多ければ，
たとえ強い日射が幹に当たっても，樹木は
周皮の細胞分裂を活発にしてコルク生産速
度を高める。コルク化した樹皮は斑に剥
離しやすくなって滑らかさを失うが，次々
と生産されるコルクによって篩部および維
管束形成層に日射が影響しないようにな
る。ケヤキなどでは，直射日光の当たらな
い部分はかなり太くなるまで樹皮を入れ替
えずに滑らかな状態を保っているが，直射
日光の当たる部分ではコルクが盛んにつく
られ，肥大成長とともに寸法が合わなく
なったコルクが鱗状に脱落し頻繁に樹皮
の入れ替えが起きる（**図 9.15**）。夏の暑い
西日が直接当たる側とその反対側とで樹皮

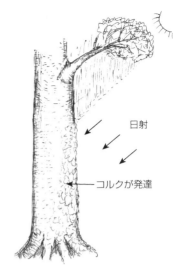

図 9.15 　**西日が当たる側とその
反対側との樹皮の違い**

の様子に著しい差が見られるのはそのためである。

② 永年性癌腫

　サクラ類，ナナカマド，クヌギ，キリなどの広葉
樹の樹幹に，時折**図 9.16**に示すような，まるで弓
の的のような形の異常が見られることがある。これ
は菌類による胴枯れ性病害の一種である。病原菌は
子嚢菌類かその不完全世代であることが多いが，病
原菌が特定されている例は少ない。このような形で
樹皮が壊死していくのは次のような理由による。樹
皮に傷が生じるとその部分に病原菌の胞子が付着し
て発芽し，菌糸を伸ばして周囲の樹皮の柔細胞を殺
しながら徐々に円形に拡大しようとする。春から秋
にかけての成長期は樹木のほうも病原菌に対する抵
抗反応を強く発揮するので，菌は拡大を抑え込まれ

図 9.16 　**典型的な永年
性癌腫症状**

ているが，冬の休眠期は樹木の抵抗反応も休眠状態に入るために病巣は少しずつ拡大して数 mm から数 cm 広がる。春になって樹木が抵抗力を増すと菌糸の拡大は再び抑え込まれ，まだ形成層が生きている部分では年輪成長が行われ，損傷被覆材が形成される。しかし，晩秋から冬にかけて再び病巣が拡大する。このようなことが毎年くり返されて，年輪の段差が弓の的のような形となって表れる。樹皮が被さっているときは気付かれないが，壊死した樹皮が腐朽して脱落したり乾燥してめくれたりすると，誰もが気付く状態となる。

08　樹皮が欠落した部分での材の柔細胞による新たな樹皮形成

　建て替え工事中の住宅団地の緑地にあるソメイヨシノで見たことであるが，油圧ショベルのバケットの衝突によって**図 9.17** のように樹皮が剥離し，その傷の中央部分で，傷の周囲の形成層とはまったく無関係に新たな樹皮が形成されていた。普通，樹木の木部柔細胞は樹皮があるときには周囲がすべて細胞で囲まれているために細胞分裂ができない状態にある。しかしこの事例では，樹皮の欠落によって細胞分裂を押さえつける物理的な力がなくなったために，最外層の木部放射組織の柔細胞が再び細胞分裂を開始し，"三次元的な形成層" となって樹皮を形成したと考えられる。これとまったく同様の現象を故 Shigo 博士も報告している。ところが，このような現象は滅多に起きない。その理由は，

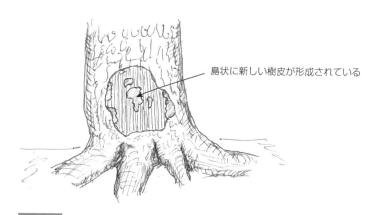

島状に新しい樹皮が形成されている

図 9.17　**樹皮が剥離した部分での木部柔細胞による新たな樹皮形成**

樹皮剥離によって最外層の木部柔細胞が乾燥枯死してしまうためと考えられる。根では，移植の準備作業として環状剥皮を行った部分で，新たな樹皮が島状に形成された事例が数多く報告されている。枝の取り木でも剥皮部分で形成層が島状に再生された事例は数多い。もちろん，剥皮が不十分で形成層が残っていて樹皮を形成することもあるが，完全に剥皮しても起きることがある。これらのことから，幹下部の樹皮が剥離されてもテープを巻くなどして保湿状態にすれば，木部柔細胞が新たな樹皮を形成する可能性は十分にあると考えられる。

09 樹皮が一周して欠落しているのに生き続ける木

　邪魔な広葉樹の大木を枯らす方法のひとつとして "巻き枯らし"（**図9.18**）が時折行われている。樹皮を一周するように剥離することによって，篩部を下がってくる糖が根にまでいかなくなり，また木部が露出しているのでもっとも

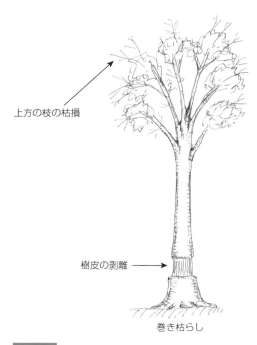

上方の枝の枯損

樹皮の剥離 →

巻き枯らし

樹皮を剥離された公園木

図9.18　巻き枯らし後も生き続ける木

新しい年輪が乾燥して導管に気泡が入り，水分通導が止まってしまうために早晩枯れてしまう。ところが稀に，いつまでたっても枯れずに，元気はないものの生き続ける木がある。これはおそらく，最外層の年輪の通導機能は停止していても，それ以前の数年分の年輪の通導機能が維持されているためと考えられる。おそらく最外層の年輪が緻密なために，それ以前の年輪の導管に気泡が入らないのであろう。公園などでも，草刈りなどによって樹皮が傷つき，そこから胴枯れ性の病害が侵入して樹皮が壊死して幹下部が一周するように"巻き枯らし"状態になっているのに生き続けている木がある。おそらく同じ理由であろう。あるいは材中の腐朽部分に伸びた不定根が地面に達して水分を吸収しているようなこともあるのかもしれない。

10 てんぐ巣と瘤

　樹木にはしばしばてんぐ巣病が発生する。菌類，ファイトプラズマ，細菌，ウイルス，線虫，ダニなど，てんぐ巣病の原因は多様であるが，症状は皆似ており，多くの枝が叢生するように分枝し，葉は小さく枝も細い。罹病枝の寿命は短く，おおむね10年以内といわれている。もっとも頻繁に見かけるソメイヨシノのてんぐ巣病（**図9.19**）は酵母状の子嚢菌類の感染によって起きる病気であるが，この菌の感染によってサイトカイニンという側芽の形成と成長を促す植物ホルモンが異常に生産され，枝が叢生状に出て葉が小さくなり，花が咲きにくくなる。サイトカイニンの濃度異常は他の樹木のてんぐ巣病にも共通する現象である。ほとんどの植物に"多芽病"という異常に芽がたくさんできる病気があるが，この病気もサイトカイニンの濃度異常で起き，てんぐ巣病は多芽病の一種と考えられている。

　瘤はほとんどの樹種で見られる病気で，バクテリア，菌類，昆虫，線虫などが原因となるが，原因不明のものも多い。ただ，

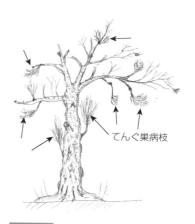

てんぐ巣病枝

図9.19　**ソメイヨシノのてんぐ巣病**

細胞が局部的に異常な増殖をする点は共通
しており，その原因として病原の感染に
よってオーキシンとサイトカイニンの両方
が濃度異常となることが考えられている。
最近，ソメイヨシノなどのサクラの枝に**図
9.20** のような瘤が形成されているのが普
通に認められるようになった。この病気の
原因菌はシュードモナスの仲間の細菌で，
似たような瘤を菌類がつくることもあるら
しい。瘤のなかには異常に大きくなったも
のもあり，東京都練馬区にある練馬白山神

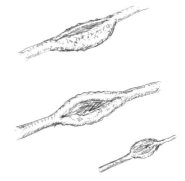

| 図 9.20 | **サクラの枝に見られる紡錘形の瘤病** |

社の大ケヤキのように根元にある立派な瘤が天然記念物指定の理由になったも
のもあるが，この場合の原因菌は不明である。白山神社には天然記念物に指定
された木が 2 本あり，残念ながら斜面の上段の木は腐朽が激しく，強風で倒
れてしまい今はない。なお，サクラ類の幹や大枝に形成される大きな瘤は根頭
がんしゅ病菌が原因菌と考えられる。

11 根元の入り皮とベッコウタケの子実体

　幹と叉の分岐角度が小さい場合，しばしば樹皮が挟まったまま成長する"入
り皮"になる。入り皮になると幹と枝の材どうしが引張りあえないので，**図 9.21**
のような形態になる。入り皮状態は幹の根元でも生じる。根元付近の幹の材の
根とつながっている部分は盛んに成長するが，つながっていない部分はほとん
ど成長せず，次第に**図 9.22** のように樹皮ごと幹のなかに埋没してしまう。こ
のような入り皮部分にはしばしばベッコウタケの子実体が見られる（**図 9.23**）。
ベッコウタケは広葉樹を侵す土壌伝染性の根株腐朽菌であるが，子実体を地上
部に形成しなければ胞子を飛ばすことができない。根株の傷から侵入して材を
腐朽させながら十分に成長し，また遺伝的に異なる系統の菌糸と出会って遺伝
子交換をした菌糸は，子実体を形成して胞子を拡散させようとするが，その際，
菌糸は酸素を感知して，酸素のくる方向に菌糸束を伸ばし，幹の外に子実体を
形成しようとする。入り皮部分は外気とつながっていて酸素が十分にあるので，

ベッコウタケ菌はその部分に菌糸束を伸ばしていき，材を突破すると子実体を形成するのである。

　レジストグラフという幹の内部腐朽を検査する機械がある。この機械は細い錐を回転させながら幹の中に挿入し，そのときの貫入抵抗状態を読みとってグラフ上に示す。樹木の危険度診断によく使われているが，あるとき，この機械で幹内部の腐朽状態を調べ，1か月後に同じ箇所を見たところ，そこに幹心材腐朽菌とされているコフキサルノコシカケの子実体が形成されていたことがある。おそらく錐で穴が開いたために，幹のなかで材を腐朽させながら子実体を形成する場所を探していたコフキサルノコシカケ菌糸が，レジストグラフによって防御層が破壊され，その穴から入ってくる酸素を感知したのであろう。腐朽

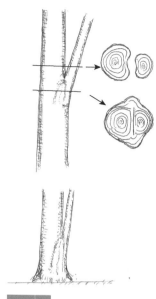

図 9.21　幹と枝の叉の入り皮

菌の子実体は菌が材に侵入する際の侵入口となった傷の部分に形成されやすいといわれている。つまり，腐朽菌類は子実体を樹体の外に形成しようとするとき，最も少ないエネルギーで効率よく子実体を形成できる場所を探していると考えることができる。幹内部が空洞状態で，腐朽菌の菌糸が樹体の外に出るこ

図 9.22　根元の入り皮

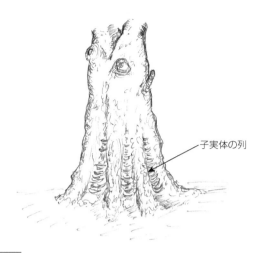

子実体の列

図 9.23　根元の入り皮部分に無数に生じるベッコウタケの子実体

とに失敗した場合，子実体を空洞内に形成することがある。

 樹木の豆知識12

てんぐ巣病

てんぐ巣病は"天狗の巣"という意味であるが，英語圏では"魔女の箒（ほうき）（witch's broom)"と呼ばれている。この病気に罹る植物は多いが，病原菌も多様である。竹類：麦角菌の一種，アスナロ類・モミ類：さび病菌，カバノキ類・サクラ類：タフリナ菌，キリ・ナツメ：ファイトプラズマ，ツツジ：もち病菌，シイ類・イヌツゲ：ケフシダニなどである。ソメイヨシノはてんぐ病に罹りやすいことで有名であるが，同じサクラ類でもエドヒガンはほとんど罹病せず，ヤマザクラでは稀に見かけるが，そのようなときは周囲がソメイヨシノに囲まれていることが多い。マメザクラでも時折見かける。

12 街路樹はなぜ道路側へ倒れるのか

　強風が吹いて街路樹が倒れると自動車が潰れたり，ときには死傷者が出たりすることもある。街路樹が倒れる方向はおおむね道路側である。一般的に道路は**図9.24**のような構造となっており，街路樹は歩道と車道の間に植えられていることが多い。植栽桝は単独桝にしても帯状桝にしても狭いのが普通である。両脇に高い建物が林立する狭い道路の街路樹にとって，天空からの散乱光が十分にくるのは真上と車道側であり，歩道側は建物が迫っているので十分な光を受けられず，物理的にも枝葉を伸ばすことができない。道路と平行方向には他の木が迫っており，そちらにも枝葉を十分には伸ばせない。必然的に樹冠は道路側に偏り，地上部の重心は根元の真上ではなく道路側にずれる傾向がある。街路樹として植えられる樹木はほとんどが広葉樹なので，地上部の重心が根元の真上にないときは，重心のずれた方向と逆のほうに根を張って体を支えようとする。ところが，日本の道路は歩道部分にガス管や水道管などのユーティリティラインを埋設しており，管理上の都合から時折掘り返すために，車道と反対側には根を伸ばせない状況にある。また車道側は歩道よりもはるかに舗装が厚く，その下の土も硬く締め固められているため，車道側にも根を伸ばせない。道路と平行方向には，帯状桝の場合は根を伸ばせるが，単独桝の場合はほとんど伸ばせず，帯状桝でも配電盤，電柱などの構造物が樹木と樹木の間に設置されていることも多い。さらに，植栽桝内の土が表面から30cmあるいはせいぜい50cmほどしかなく，その下は砕石や建設残土で根を伸ばせる状況にないのが普通なので，根張りそのものがきわめ

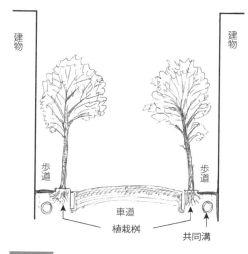

歩道　歩道　車道　植栽桝　共同溝

図9.24　街路樹が植わっている街路の構造

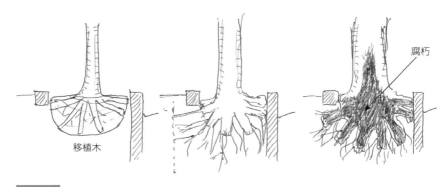

腐朽
移植木

| 図 9.25 | 街路樹に多い根株腐朽 |

て浅い状態である。このような状況で強風が吹くと，ビル風現象も加わって，道路と平行方向に流れるきわめて強い風となり，車道側に張り出した樹冠に当たって樹木に捩じるような曲げ荷重を与える。そのとき，根株が腐朽していると，根が浮き上がったり根元で折れたりして車道側に倒れる結果となる。特に交差点付近では風を遮るものがないので，折れたり倒れたりする街路樹がしばしば出てくる。また，ビルの谷間などから道路と直交方向に強い風が吹いたようなときは，歩道側に倒れる力に抵抗する根がほとんどないので，いとも簡単に倒れてしまうことがある。

　街路樹ではベッコウタケなどによる根株腐朽（**図 9.25**）が多発し，それが風倒木を出す一因となっている。根株腐朽菌は樹木の根が傷つかなければ樹体内に侵入できないが，街路樹は植栽段階で根を切りつめているので最初から傷があり，また土壌改良材として混入される堆肥の品質が不良の場合は堆肥中に根株腐朽菌などがいる可能性があり，さらに枝葉が切りつめられて防御力も低下しており，容易に根株腐朽菌の侵入を許してしまうことになる。また，街路樹の根は固結した土には伸びることができないので，舗装とその下の土壌との間のわずかな隙間に伸びる。その根が成長して太くなると必然的に舗装や縁石を持ち上げ，人や自転車の交通に支障が出るようになるので根が切断され，よりいっそう根株腐朽が進展してますます倒れやすくなる。街路樹に対するその後の頻繁な強剪定管理も根系を弱くし，また幹や根株に腐朽を入りやすくする一因ともなっている。幹の腐朽は幹折れ倒木を生じる原因となる。

13 クスノキの小枝折れによる保身

　強風が吹いた後に公園などに行くと，大きなクスノキの下にはまだ緑色の小枝が無数に落ちている（**図 9.26**）。他の木では，葉や枯れ枝は落ちていても生きた枝はそれほど落ちていないので，クスノキだけが異常に目立つ。なぜクスノキはこのように多くの生きた枝を落とすのであろうか。強風のときに小枝を落とすことによって風当たりを少なくし，大枝が折れたり幹本体が折れたり倒れたりするのを防ぐはたらきがあると考えられる。クスノキの小枝は脆く折れやすいが，折れた部分の香りを嗅ぐと樟脳を含んだ精油の匂いがする。樟脳はきわめて抗菌性，防虫性の強い物質であるので，傷口からの病原菌などの侵入を効果的に防ぐはたらきがある。クスノキは萌芽性がきわめて強いので，小枝が少々折れても樹勢衰退をきたさずに回復することができる。いわば，肉を切らせても骨までは切らせず，本体は生き残る戦略なのであろう。クスノキと同じことをクヌギやコナラも行っており，台風後に雑木林に行くと緑色の葉をつけた無数の小枝が落ちている。特にクヌギの小枝は分岐部や節できわめて脱落しやすい構造をしており，強風で枝葉を落とすことを前提に成長しているかの

図 9.26　**強風後のクスノキの生きた小枝の落下**

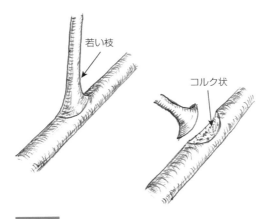

図 9.27　**クヌギやクスノキの若い枝はわずかな力で落下**

ようである（**図 9.27**）。クヌギやコナラには樟脳のような強い芳香物質はない
が，クスノキと同様に生きた小枝をよく落とすのは，分岐部の構造以外に何ら
かの抗菌物質が関係していると思われる。

14　ケヤキの自己剪定

　9 月頃，台風の後に公園に行くと，ケヤキの大木の下に枯れ枝がたくさん散
乱しているのが見られる。これらの落下した枝（**図 9.28**）を拾ってみると，
①都市部では樹皮全体が黒く汚れているものが多いが，空気の清浄な地域では
灰褐色で汚れていないものが多い，②乾燥して軽くなっており，材の色は白く
なっている，③材は硬いけれども脆く，手でも簡単に折れる，④落下したとき
の折れ口の材は灰色に変色していて，材中に小さな黒色斑が散在しているのが
認められる，⑤おおむね基部の直径が 5 cm 以下で，それより太いものは滅多
にない，⑥肉眼的には白っぽくなった材に菌糸は認められず，子実体も認めら
れないが，落下したときの折れ口から枝先に向かって数 cm の範囲には微小な
黒点が見られる，⑦折れ口は枝の基部に形成される防御層より少し枝先よりで
あることが多いなどの共通する特徴がある。樹皮表面の汚れはカビの一種と思
われ，すす病菌のようにも見える。白くなった材にはいくらか粘り気が残って
いるが，折れ口部分の灰色の材には明らかに粘り気がほとんどなくなっており，

生きたケヤキの枝を乾燥させた状態とは
まったく異なっている。灰色になった折
れ口の材をルーペで拡大してみると，白
色の木繊維と黒色の菌糸塊が混在してい
るように見える。

　以上のようなことから，何らかの菌に
より折れ口部分の材の成分が消化された
ものと考えられるが，坦子菌類の材質腐
朽菌がこのように枝に普遍的に存在する
例はないので，ケヤキの枝の表面かある
いは材内に普通に生息しているある種の
菌が，枝が弱ったか枯れたかした段階で
菌糸を伸ばして成分を分解するととも
に，鰹節（かつおぶし）のように水分も吸収してきわ
めて脆い材とし，落下しやすい条件をつ

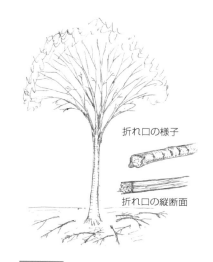

折れ口の様子

折れ口の縦断面

図 9.28　**ケヤキの枯れ枝の落下**

くったものと考えられる。おそらくこの菌には病原性はないか，あってもきわ
めて弱く，樹木にとっては不要な枝を落とす一種の共生菌と考えてもよいのか
もしれない。分解される成分は,折れ口の組織状態から細胞壁中のセルロース,
ヘミセルロース，リグニンおよび細胞どうしの接着の役割を担うペクチン（コ
ロイド性の多糖類の一種）と考えられる。

15　アリは樹木にとって害か益か

　庭師の間では，アリはシロアリと同様に樹木の幹を齧（かじ）って巣をつくり空洞化
を促進するとして駆除の対象となっている。しかし，アリは肉食動物であり，
シロアリと異なり材を食害しているわけではない。アリが樹幹内部に穴を開け
ている部分をよく見ると，腐朽がすでに入ってかなり劣化している部分ばかり
であり，健全な部分を齧っているのではないことがわかる。アリはとても清潔
好きな動物であり，巣の中の腐朽菌の菌糸やカビなどは食べてしまう。菌類の
細胞壁はキチンとグルカンで構成されており，キチンと蛋白質で構成されてい
る昆虫の表皮に似ている。そのせいかどうかわからないが，アリは菌類を好ん

で食することが知られている。腐杓材にアリが入ると腐杓部分の空洞化は促進されるが、腐杓そのものは拡大が阻止されることが多い。

　クロマツの幹内などで、アリが健全な材を齧ってつくったように見える巣がある。このような巣があるためにアリは駆除対象となってきたのであろうが、このような巣をよく見ると、シロアリの巣を利用していることがわかる。アリはシロアリを見つけるとその巣を攻撃し、幼虫や蛹を捕食し、シロアリの巣も奪ってしまうことがある。

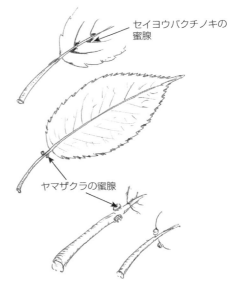

図 9.29　**サクラ類の葉の蜜腺**

　サクラ類の葉には蜜腺（**図 9.29**）があるが、おそらくアリを呼ぶためであると考えられる。アリは樹上の食葉性昆虫や吸汁性昆虫などを捕食するが、樹葉の蜜腺から分泌される甘い液を舐めにきて、ついでに葉上を徘徊して昆虫を捕食する。アリと蜜腺との関係はサクラ類のほかにアカシア類、アカメガシワ、ヤマナラシ、キササゲなど多くの樹種で観察されている。このような花以外の蜜腺を花外蜜腺という。

10 衰退・枯損と管理

01 梢端枯れ

　関東地方では，おおむね標高 200 m 以下の平野部や丘陵部で，**図 10.1** のような，ある一定の高さまで幹が枯れ下がるスギ林の "梢端枯れ" が見られる。この梢端枯れのなかには落雷が原因のものも含まれていると思われるが，多くはヒートアイランド現象による大気の高温・乾燥化と建築物の林立，道路舗装，河川や用水路のコンクリート化，排水路整備，過度の踏圧などにより雨水が地下に浸透しにくい環境になったことが原因と考えられている。落雷が原因の場合，上端が高さを揃えて枯れ下がることは少なく，多くは梢端の枝が枯れ残ったり幹から萌芽したりして，枯れるにしても高さが不揃いになる（**図 10.2**）。

　一定の高さまで枯れ下がるのは，そのスギの立地する環境条件が変化し，スギが以前成長した高さにまで水を上昇させることが困難になっているためと考えられる。一般的に，

| 図 10.1 | **乾燥化が原因と推定されるスギの梢端枯れ** |

樹木は乾燥すればするほど樹高が低くなるが，現在の都市およびその近郊は年々高温化と乾燥化が進んでおり，昔のスギの高さを維持できなくなったことを示している。このような梢端枯れは関東地方ばかりではなく，全国の都市およびその近郊に普通に見られる現象である。ケヤキなど，スギと同様に水をたくさん要求する樹種も都会では樹高が低くなる傾向が見られる。人の手が加わらない状態での樹高はその土地の水分環境をきわめてよく表している。

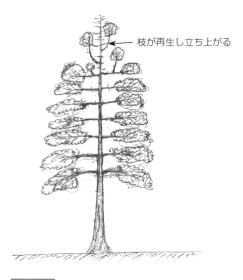

← 枝が再生し立ち上がる

図 10.2 　落雷による梢端の枯損

　ちなみに，この梢端枯れは酸性雨やオキシダントのような大気汚染が原因ではないかと考えられたこともあったが，いろいろな実験や野外調査の結果から，スギはこれらの大気汚染物質に対して他の多くの樹種よりも高い耐性を示すことが判明している。

02　樹木が乾燥枯死する条件

　表面が硬くしまり水捌けの悪いところで梅雨期に多くの雨が降り続き，土壌中の粗孔隙までもが水で満たされる過湿状態が長く続くと，樹木の活力のある細根は呼吸のできる表層に集中する。そして深い層の根は，太いものは簡単には死なないが，細根は大部分が窒息による根腐れで死んでしまう。梅雨が終わって急に暑い夏がくると，細根が浅い層に集中していた樹木は急激な乾燥により水分が吸収できなくなり枯れてしまう。

　このような現象は夏の暑い時期ばかりではなく，冬季乾燥する太平洋岸などで，秋霖が長く続いた後に木枯らしが吹いて急に乾燥すると，枯死や枝枯れが生じることがある。公園などに植栽されたクロマツやアカマツで秋の長雨の後

に下枝が枯れる現象がよく見られる。これは秋の長雨によって土壌が過湿になり、クロマツの深い層に発達した根が呼吸困難になって活力のある吸収根が浅い層に集中した状態で急に乾燥したために下枝が枯死したものである。なぜ水の上昇しにくい上枝ではなく水ストレスの少ない下枝が枯れるのかは、生理的には不明だが、生態的に見るとクロマツやアカマツの次のような性質が深くかかわっていると考えられる。

これらの針葉樹は光に対する要求量の大きい陽樹で、激烈な光の獲得競争をしながら森のなかで生育しているため、生育環境が不利になって枝枯れが生じる際も、もっとも高い枝を最後まで残し、光条件の不利な下枝から枯らしていくという性質がある。土壌条件が劣悪なために樹勢不良になったクロマツやアカマツを観察すると、下枝にも十分に光の当たる条件にある木でも、まず下枝から黄化して枯れていき、頂端の枝葉は最後まで緑色を保っている。トウヒ類のアカエゾマツはクロマツやアカマツに比べるとかなり耐陰性が強いが、やはり急激な乾燥状態に置かれたり衰退したりすると、**図 10.3** のような状態となる。1 本の枝のなかでも、たとえ枝全体に十分な光が当たっていても、光を受けるのに有利な枝先の葉を優先的に残し、幹に近く光を受けるのに不利な枝葉を枯らす傾向が見られる。

街路樹は単独桝に植えられている場合、根系がきわめて狭い範囲に限定され、しかも客入されている土壌の量もわずかしかない。帯状桝の場合は道路と平行方向に長く根を伸ばすが、やはり根の入ることのできる深さが浅く、多くの街路樹が地表に飛び出た根張りとなり、細根もごく浅い層に集中している。このような劣悪な土壌条件により、夏期の乾燥が続くようなときに乾燥枯死する木が続出する。

古くからある街路樹では、自然の土層が残されていて根が深くまで伸びていることがある。そのようなところでは盛夏期の強い乾燥を受けてもほとんど枯れないが、そ

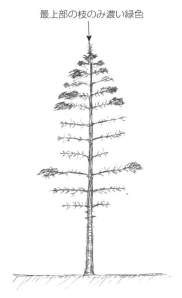

最上部の枝のみ濃い緑色

図 10.3　衰退したアカエゾマツの着葉状況

れは地下水から上昇してくる毛管水を吸収し，利用できる雨水の少なさを補っているからである。しかし近年，大都市では地下鉄建設や下水道整備，共同溝整備などで毛管水の上昇が阻止されている場所が増えてきており，梢端の枯れ下がり，根株の腐朽，大枝の枯死などの現象が多く発生するようになっている。

03　街路樹のケヤキの双幹とクスノキの株立ち

　街路樹に植栽されるケヤキを見ると，高さ2〜3mくらいのところで二叉，三叉，ときにはそれ以上に分岐している（**図10.4**）ものが多い。これはケヤキが苗畑にあったときに，その高さで一度切られているのである。ケヤキの若木は放っておけば上長成長を盛んに行って，高さ5mくらいまではほとんど枝らしい枝を出さずに成長する（**図10.5**）。しかし，これでは緑化樹木として出荷するには不都合なので，高さ2mほどのところで切り，そこから胴吹き枝を出させて樹冠の広がった形にすることが行われている。

　関東地方の屋敷林にあるケヤキは**図10.6**のように高さ10mくらいまでは

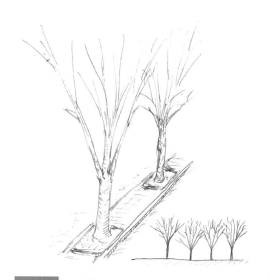

図10.4　**街路樹のケヤキの樹形**

上長成長が盛んなときは側枝が発達しない

図10.5　**ケヤキの若木の自然な樹形**

枝をまったく出さずに伸び，その上で樹冠を大きく広げている。これは昔，長いケヤキ材をとるために，低い位置の側芽をすべて切除する"芽かき"が行われ，十分に長い材がとれるくらいの高さに達した後は自由に枝葉を伸ばさせたからである。ケヤキの長い材は帆船のマスト，家屋の大黒柱，門柱，桁材や梁材などに使われたようである。

　クスノキは昔，樟脳を採取するために西日本各地や台湾で盛んに造林されたが，クスノキの特徴として，まだ若く樹皮にコルクが発達していない"青軸"の苗木は移植が難しく，コルクが十分に発達した成木になると移植が容易になるという他の樹種にはない性質がある。コルク化していない樹皮では表面からの蒸散が盛んに行われるためと考えられる。そこで樟脳造林を行う際，クスノキの苗木の地上部を切除して根株を植えつける方法が行われた。西日本や台湾の各地に残る樟脳造林地に行くと，多くの木が2本あるいは3本の幹からなる株立ち木（**図10.7**）であるのは，そのことが原因であろう。

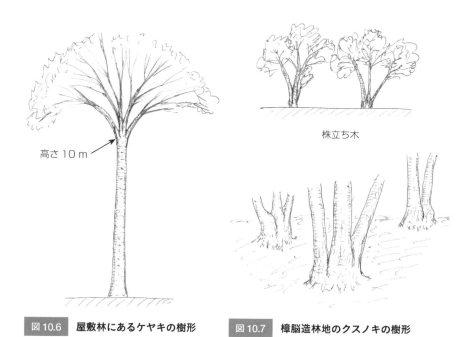

株立ち木

高さ10 m

| 図10.6 | **屋敷林にあるケヤキの樹形** | 図10.7 | **樟脳造林地のクスノキの樹形** |

04 強剪定による根系への影響

人々が樹木の枝幹を強剪定したがる理由は無数にある。台風による枝折れや幹折れ、窓辺の日射しの遮蔽、落葉による屋根の樋のつまり、カラスの営巣、毛虫等の食葉性昆虫の大発生、ムクドリの集団的ねぐらによる糞害や騒音などを防ぐために強剪定が行われているが、強剪定すなわち生きた枝を大量に切除すると樹木にきわめて深刻な影響を与える。

樹木の生きた大枝の大量切除や断幹を行うと、葉がほとんど失われるために光合成能力は著しく低下する。そこで樹木は幹に蓄えていたエネルギーを使って大急ぎで潜伏芽を活性化させて胴吹き枝を発生させる（**図10.8**）。胴吹き枝の発芽後の光合成産物は、胴吹き枝が十分に成長してたくさんの枝葉をつけるまでは自分の上長成長や肥大成長のために消費され、幹のほうには光合成産物を供給する余力はない。よって、胴吹き枝が育ち光合成機能を十分に回復できるようになるまでの間、根系にはほとんど光合成産物は供給されず、そのため根元から遠い根系先端から衰退していく。樹木は蓄積エネルギーの多い根元近くの太い根から新たに側根を発生させて水分吸収機能を保とうとするが、先端近くの壊死した部分からは腐朽菌が入り、徐々に根株腐朽が進展していく。一方、切断部分からは**図10.9**のように材部に変色菌、次いで腐朽菌が侵入し、切断時点の形成層の位置に形成される防御層の内側には徐々に変色と腐朽が進行していく（**写真10.1**）。根株腐朽と幹の腐朽は10年、20年と時間が経つうちに拡大してつながり、樹体全体が空洞化していくが、その後の年輪成長が旺盛であれば、壁の厚いパイプと同様に幹折れは生じない（**図10.10**（**写真10.2，10.3**））。ちなみ

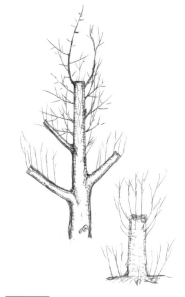

図10.8　**強剪定後に発生する胴吹き枝**

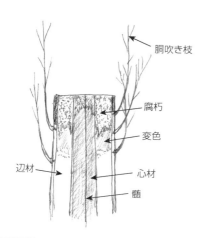

図 10.9　切断部分から進行する材の変色と腐朽

写真 10.1　胴吹き枝と材の変色と腐朽が見られる広葉樹

に Mattheck 博士によれば，座屈の危険性の高い壁の厚み（t）は幹半径（R）に対して $t/R \leqq 0.32$ とされている。しかし，根株腐朽によって根系の支持力は低下しており，胴吹き枝の成長によって樹冠が受ける風荷重が大きくなるにしたがって根返り倒伏の危険が高くなっていく。強剪定が一度だけならば倒伏することはほとんどないが，その後さらに強剪定が行われると，樹体はひどく衰退し，倒伏の危険性は著しく高まっていく。このように，長い目で見れば強剪定によって危険性をとり除いたつもりがかえって危険な樹木を生み出していることが多いのである。

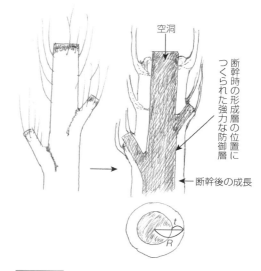

図 10.10　壁の厚い空洞樹木

防御層

写真 10.2　傷害時の形成層の位置
に形成された防御層

写真 10.3　防御層の内側が完全に食
べつくされて空洞化

 樹木の豆知識 13

💡 植物ホルモンの種類

植物ホルモンとは多くの植物に普遍的に存在し，ごく微量で植物の生理活性に大
きな影響を与える物質の総称であり，特定の物質をさしているのではない。また
明確な定義もないので，人によって何を植物ホルモンとするかは異なっている。
現時点でほとんどの研究者から植物ホルモンと認められているのは，オーキシン，
ジベレリン，サイトカイニン，エチレン，アブシジン酸であるが，さらにブラシ
ノステロイドとジャスモン酸も多くの研究者から認められている。そのほかサリ
チル酸，ストリゴラクトン，ペプチドホルモンも植物ホルモンと認める人がいる。
長い間，その存在がいわれながら正体が不明だったフロリゲン（花成ホルモン）
は近年その存在が確認され，正体も判明している。数ある植物ホルモンのなかで
最初に植物ホルモンと認められたのはオーキシンであるが，オーキシンは植物の
成長全般に深くかかわっている。種なしブドウの生産で有名なジベレリンは台湾
で日本人によって発見された成長に関する植物ホルモンであるが，類似の作用を
もつ多くの物質の総称である。

05 枝先の拳状の瘤

　一定の箇所で剪定をくり返し行うと**図10.11**のような拳状の局部的な瘤が生じる。最近はめっきり見かけることが少なくなったが，昔は桑畑でこのような瘤が普通に見られた。ユーカリオイルを採取するためのユーカリ畑や桜餅の葉を採取するオオシマザクラの畑でも同様の現象が見られる。街路樹ではプラタナスやイチョウによく見られ，公園木ではアオギリによく見られる（**写真10.4，10.5**）。

　ある枝を中途で切断すると，それまで頂芽優勢で休眠状態にあった切り口に近い部分の潜伏芽が起き出し，シュートが数本形成される。シュートには各節ごとに腋芽が形成されるが，基部近くにはきわめて小さな芽が多数あり，それがほとんど潜伏芽となる。そのシュートが基部近くで切除されると，切断部と基部の間にあるごく小さな潜伏芽がいっせいに起き出すので，シュートの数はさらに増える。シュートが発生すると，そのシュートを支えるための枝の組織がシュートの組織と複雑に絡み合いながら基部に被さってくる。また枝先から放射状に伸びた各シュートは光合成産物を基部に送るので，枝の先端部に光合

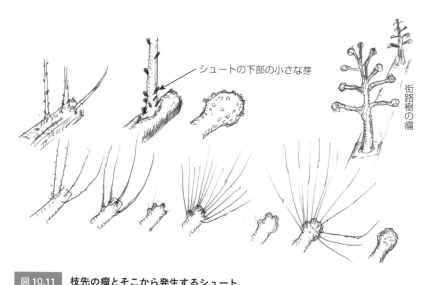

シュートの下部の小さな芽

街路樹の瘤

| 図10.11 | 枝先の瘤とそこから発生するシュート |

同一部分で切られ続けたクワの枝

同じ箇所で切られ続けたコナラの枝

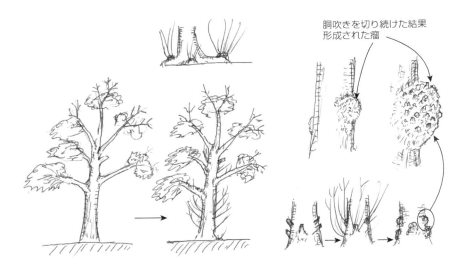

胴吹きを切り続けた結果形成された瘤

図10.12　胴吹き枝やひこばえを切除したために生じる瘤

成産物が集中して供給されるかたちとなり，きわめて高いエネルギー状態となっている。このような瘤は見た目には形がよくないので，街路樹などでは時折切除されてしまうが，この部分は活力が高く防御力もきわめて高い状態にあ

るので，一度瘤が形成されたならば，それを傷つけないように注意しながら，シュートを基部から剪定し続けるのがよい。もし枝の途中で切ってしまうと，切断部分には防御層はなく，傷からの腐朽が進行したり胴枯れ性病害が発生したりする。ただし，このような管理を行うには枝がまだ細いときからはじめなければならない。まだ中心部分が心材化していない細い枝であれば，切断部分の組織は防御反応を呈するが，心材化するほど太くなった枝を切断すると，心材部分では防御反応は起きず，また辺材部分でも防御層形成が不完全となりやすい。

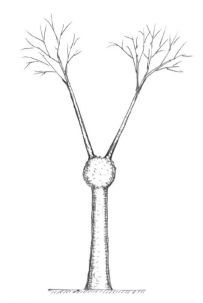

図 10.13　拳状の瘤も枝を 1 本〜数本残せば新たなシュートは出ない

　もし瘤から発生するシュートを全部は切除せずに一部残しておくと，十分に成長したシュートの先端から供給されるオーキシンのはたらきにより頂芽優勢が復活し，瘤にある無数の潜伏芽が再び休眠状態に入り，新たなシュートが発生しなくなる。幹の途中から出るひこばえや胴吹き枝を邪魔者扱いして切除すると，かえってそこからたくさんのシュートが発生し，それをまた切る，ということをくり返すと図 10.12 のような瘤が形成されるが，もし 1 本でも残して自由に伸ばせば，新たなシュートは出なくなる（図 10.13）。

06　胴吹き枝を残すと梢端が枯れるか

　造園業界では樹木を移植した後の管理のなかで，幹から発生する胴吹き枝を切除することがよく行われている。理由は胴吹き枝を伸ばすと，胴吹き枝にばかり水が送られて樹冠上部の枝が水不足で枯れてしまうからだという。しかし，これは誤った考えであろう。胴吹き枝が発生しやすい樹種と発生しにくい樹種があるが，大部分の樹種では，幹から胴吹き枝が多く発生するのは頂芽優勢が

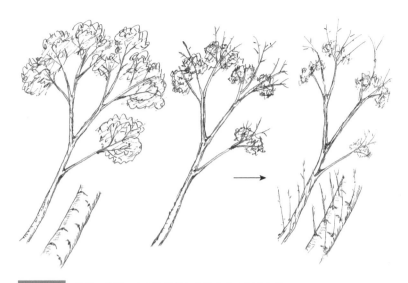

図 10.14　梢端の衰退により潜伏芽から発生する胴吹き枝

崩れているからであり，梢端に活力があればほとんど発生しないのが普通である。胴吹き枝が出るから梢端が衰退するのではなく，梢端が衰退しているから胴吹き枝が出る（**図 10.14**）のである。梢端が衰退して光合成機能の衰えた樹体を回復させるために，樹木が水の上昇しやすい高さで胴吹き枝を発生させるのである。梢端が衰退する原因は多くの場合，土壌あるいは根系に何らかの問題があり，根系の水分吸収機能が低下しているからである。通気透水性改善の土壌改良などで根系を活性化させ，水分吸収機能を高めれば梢端にまで十分に水分が上昇するようになる。そして梢端の活性が維持されるようになれば，胴吹き枝はほとんど発生しなくなる。そのような改善をしないで単に胴吹き枝を切除するだけでは回復しようとする枝をとってしまうのであるから，樹木はかえって衰退するであろう。

07　樹木の防御機構を生かした剪定方法

　広葉樹の幹と枝あるいは大枝と小枝の分岐部すなわち叉は**図 10.15** のように他の部分に比べて著しい成長を示す。また，広葉樹ではブランチバークリッ

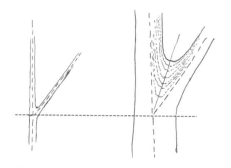

図 10.15　広葉樹の叉の成長

写真 10.6　キンモクセイのブランチ
バークリッジ

ジが明瞭なことが多い（**写真 10.6**）。
ちなみに，広葉樹と針葉樹の叉を比
べると，**写真 10.7** のようになる。ま
た，分岐部の外観は**図 10.16**（**写真
10.8，10.9**）のようになり，枝が衰
退して枯れる場合は広義のブランチ
カラーの最先端まで枯れ下がる（**写
真 10.10，10.11**）。枝は叉の構造と
防御層の形成場所からわかるとおり，
切断を行う場合は**図 10.17** の A の
位置が正しく，その後の腐朽進行を
阻止するのにもっとも効果的である。

写真 10.7　広葉樹（左）と針葉樹（右）の
叉の比較

この場所で切断すると，その後の損傷被覆材の巻き込み成長は徐々に行われる
が，その部分には幹を伝わる力の流れの偏りがほとんどないので巻き込み成長
も偏りなく行われ，切断面の中心で巻き込みが完了する（**図 10.17A**）。この
とき，被覆された部分の材の腐朽はきわめてわずかである。防御層形成と巻き
込み成長に必要な材料とエネルギーは切断部位より上にある幹が供給する。

　もし**図 10.17** の B のように枝を残して切断すると，枝が腐朽するまで幹の
組織は枝をのみ込むように少しずつ前進し，あるとき完全に枝が腐朽した時点
で，内側に巻き込むような成長をする。切り残した部分は防御層の形成された
部分まで腐朽するので，幹の組織が巻き込んだ内部には空洞が生じる（**図**

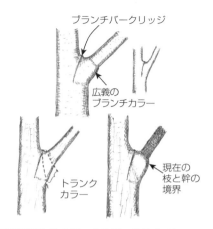

図10.16　枝と幹の分岐部に発達するトランクカラーすなわち広義のブランチカラー

写真10.8　広葉樹の枯れ枝（広義のブランチカラーまで枯れる）

写真10.9　枯れた枝を囲むトランクカラーの繊維の流れ

10.17B）。幹の組織が内側に巻き込むような成長をすると，その成長圧力によって材に割れが生じ，そこから腐朽に進展することがある。

　一方，**図10.17** のCのように切断すると，幹の組織まで傷つけ，防御層が形成される部分をとり除いてしまい，幹材中に腐朽が進展してしまうことになる（**図10.17C**）。枝と幹の組織が絡み合いながら成長する過程でトランクカラーの部分に防御層が形成されるので，切断がトランクカラーを傷つけていなければ，切断面から侵入する菌は枝の組織から幹の組織へ侵入することはできないが，幹の組織が傷ついた部分では枝の組織をとりまく幹の組織，特に下方に著しい腐朽が進行しやすい。この場合の巻き込み成長は**図10.17D**（**写真10.12**）のように行われる。幹表面を伝わる力の流れは同じ年の年輪にもっともよく伝わるので，Cのように切断された部分ではもっとも新しい年輪を伝わる力の流れは剪定痕の両脇を迂回することになり，力の流れの密度の高い部分が両脇に生じ，その結果，側面部分の成長が著しくなる。以前はこの両側面の損傷被覆材の成長が著しいことから，これが正しい剪定方法とされてきたが，近年は故 Shigo 博士の主張がとり入れられ，幹への腐朽の入り

写真10.10 明瞭なブランチバークリッジを示すギンドロの叉

写真10.11 枯れてブランチカラーが明瞭となったクスノキの枝

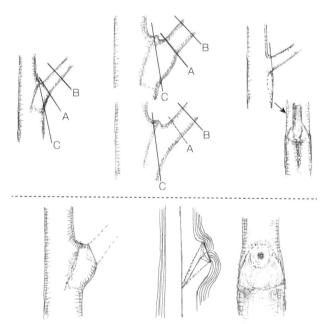

A. Aの位置での剪定痕における形成層の巻き込み成長

図10.17 正しい剪定と誤った剪定 （つづく）

図10.17 のつづき

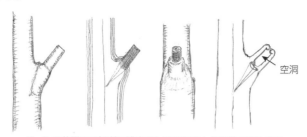

空洞

B. Bの位置での切断で残された枝を包むような巻き込み成長

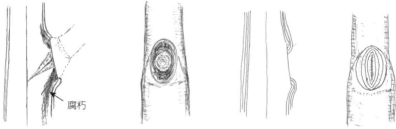

腐朽

C. Cの位置での剪定後の傷口から幹材に進展する腐朽

D. Cの剪定痕の巻き込み成長

やすさから誤った剪定法とみなされている。

　スギやヒノキの針葉樹の植林地では，枝打ちをする場合，**図10.18** のように3通りの方法が行われ，さらに“なた”で枝隆（枝の基部の隆起，すなわち節）をとり除くようなことも行われているが，もっとも材変色や腐朽の発生が少ないのはAの方法である。

　枝を剪定する場合，どの部分に防御層が形成されるか，切断面の損傷被覆材を誰が形成するかを常に考えなければならない。

写真10.12 **ヤマモモのフラッシュカット後の損傷被覆材の成長**

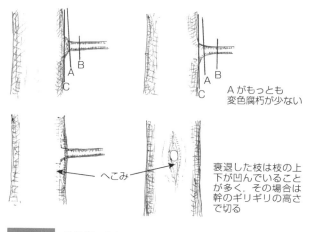

A がもっとも
変色腐朽が少ない

へこみ

衰退した枝は枝の上
下が凹んでいること
が多く，その場合は
幹のギリギリの高さ
で切る

図 10.18 針葉樹の枝打ち法

08 根回し

　土地開発などで支障となる大径木を移植することがある。しかし，多くの樹木は植木と異なり，根元近くに細根がきわめて少ない状態であるので，そのままでは移植が困難である。そこで事前の根回しが行われるが，根回しは移植の半年前から1年前に行われることが多い。方法はいくつかあるが，断根法と環状剥皮法の2つに大きく分けられる。

　根を切断すると，樹皮の最内層の篩部を降下してくる糖などの光合成産物が，切断された部分より先には降下できず，切断部近くの樹皮の柔細胞に蓄積される。そのとき，活力のある葉や芽で生産されて篩部を光合成産物とともに降下してくるオーキシンという植物ホルモンも溜まり，さらに傷ついたことによりエチレンという植物ホルモンも生産される。これら三者の相互作用により側根が切断部近くの根に形成される（**図 10.19**）。

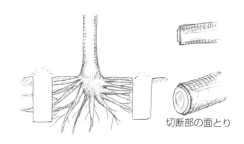

切断部の面とり

図 10.19 断根法による根回し

環状剥皮法はおおむね
直径3 cm以上のやや太
い根を対象に行われ，根
を切断せずに移植時に切
断する予定の部分から
15 cmほどの幅で樹皮を
剥ぎとる方法である（**図
10.20**）。樹皮を剥ぎと
られた部分では，切断さ
れたのと同様に樹皮を降
下してくる糖などの光合
成産物やオーキシンが蓄

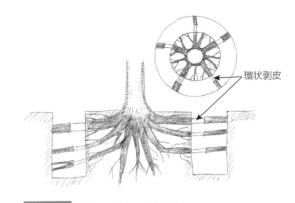

環状剥皮

図 10.20 　環状剥皮法による根回し

積され，側根の発生が促進される。一方，剥皮部分より先の根には枝葉からの
糖などの光合成産物が供給されないので次第に衰退するが，蓄積エネルギーの
多い太い根はすぐには死なず，先端部分ではしばらくの間養水分を吸収し続け，
残されている木部を通じて幹のほうに供給し続ける。このとき，根の先端でもっ
とも多く生産されるサイトカイニンも水とともに上昇し，葉を若く保つはたら
きをし，また腋芽の形成や潜伏芽の活性化と胴吹き枝の発生を促進する。葉が
若く保たれることによって光合成機能が高く維持され，結果として側根の発生
が促進される。

　断根法と環状剥皮法を比較した移植実験では，環状剥皮法のほうがはるかに
多い発根量を示し，移植後の樹勢にも著しい差の生じることが観察されている。

　ここで“植木”について考えてみよう。植木生産者の苗畑にある木がすべて
植木というわけではない。本来の植木は種子，挿し木，取り木，接ぎ木などに
よって増殖した苗木を頻繁な床替えや根回しによって長く伸びた細い根を切断
し，切断部分から発根させ，さらに切断して発根させるということをくり返し
ながら，太い根を一度も切断することなしに，つまり根株腐朽をまったく起こ
させずに根元近くに細根を密生させ，真夏でも移植できる状態にしている木を
いう（**図10.21**）。残念ながら，現在はこのように管理された植木はほとんど
ないのが実情である。

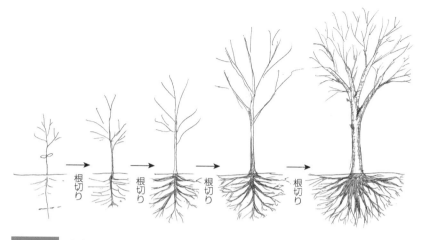

図10.21 本来の"植木"

09 接ぎ木の台勝ちと台負け

　ある系統の品種を増やすとき，挿し木ができない，あるいは効率が悪い樹種や品種では取り木や接ぎ木が行われる。接ぎ木は台木に穂を接ぐのであるが，台木のほうが接ぎ穂より成長旺盛なときは**図10.22**のAのように根元が膨らむ。逆に接ぎ穂のほうが成長のよいときは**図10.22**のBのようになるが，台木がきわめて弱いときは接ぎ穂に覆われてしまうことがある。極端な台勝ち現象は，クロマツ台木にアカマツの変種であるウツクシマツを接いだタギョウショウや，実生の台木に雌木を接いだクロガネモチでよく見られる。

　サクラの品種は，実生では品種が維持できず挿し木も困難なので，接ぎ木で増殖が行われるが，現在，台木として使われているのは多くの場合，オオシマザクラの実生苗か，アオハダザクラもしくはマザクラと呼ばれる品種の挿し木苗である。普通，サクラ類は挿し木が困難であるが，このアオハダザクラは簡単に挿し木ができる。春に枝を挿せば，早ければその年の秋には台木として利用できるので，台木が簡単にでき，ほとんどのサクラ品種の台木としてもっとも多く使われている。ところが，アオハダザクラの挿し木台はやや活力が弱く，たとえば他のサクラ品種と比べるときわめて成長旺盛なソメイヨシノを接いだ

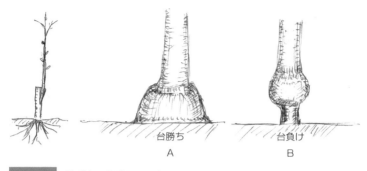

図 10.22 接ぎ木の台勝ちと台負け

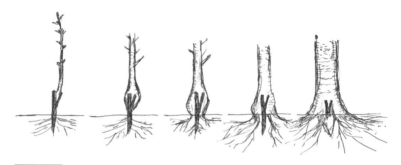

図 10.23 ソメイヨシノとアオハダザクラ台木に見られる極端な台負け現象

場合，ソメイヨシノが台木の上に被さって成長し，台木を覆い殺してしまう（**図10.23**）。ソメイヨシノは自根を出して成長するので，結果的にソメイヨシノが挿し木で成長したようになる。公園緑地や学校の校庭でソメイヨシノの根元を見ると，根株や根からひこばえ（根から発生するひこばえを根萌芽という）が発生しているのがよく見られるが，そのひこばえにも時折花が咲いている。その花を見るとソメイヨシノであることがほとんどである。接ぎ木で増やしたはずのソメイヨシノの根株からのひこばえがソメイヨシノであるのは極端な台負け現象が理由である。稀にソメイヨシノのひこばえから白い花が咲き，ソメイヨシノと異なる鮮やかな緑色で無毛の葉が同時に出ていることがあるが，これはオオシマザクラを台木としたものであろう。

ソメイヨシノ以外のサクラの品種もアオハダザクラの挿し木台に接ぐことが多いが，ほとんどのサトザクラ品種はソメイヨシノほど樹勢が強くないので，

アオハダザクラの台木からの萌芽枝が接ぎ穂の品種以上に大きく育っているのを時折見かける。

樹木の豆知識14

💡 オーキシンとサイトカイニン

オーキシンは若い葉でもっとも盛んに生産され，篩部を通って下方に送られる間に細胞成長のためにどんどん消費されるので，下方に行くほど濃度が薄くなり，根系では茎における濃度の 1/1,000 ～ 1/10,000 以下ときわめて薄い濃度になっている。オーキシンは樹木の部位によって作用濃度が異なり，根ではそのきわめて薄い濃度で促進的に作用するようになっている。大多数の樹種では，胴吹き枝やひこばえが発生するには，活力ある葉で生産されるオーキシンの供給が減少し，主に根の先端で生産されるサイトカイニンの影響のほうが大きくなったときに，サイトカイニンの側芽を活性化させるはたらきによって潜伏芽が活性化されて発芽しシュートを形成する。潜伏芽が休眠状態となるのは高いオーキシン濃度によってエチレンが発生し，それがサイトカイニンの作用を抑制するのではないかと考えられている。オーキシンは根系での側根形成に大きなはたらきを示すが，根系ではエチレンもオーキシンの側根形成作用を促進すると考えられている。サイトカイニンはアブシジン酸とともに根端分裂組織で盛んに生産され，木部を通って上方に送られて側芽形成，葉の活性維持，肥大成長促進などのはたらきを示すが，高い濃度のときは根端の成長を旺盛にするとともに側根形成を抑制する傾向がある。

10 門かぶりの松と見越しの松

　門の脇にあるクロマツの枝が 1 本だけ長く水平に伸びて門の上を覆い，マツの枝と両脇の門柱が一体となって門を形成している "門かぶりの松" が地方の旧家などに見られることがある（**図 10.24**）。この枝はどうしてこのようになったのであろうか。門かぶりの松をつくる場合，伸ばそうとする枝をまず竹棹などで水平に固定する。そうするとその枝は風で揺れなくなるので，エチレンという植物ホルモンの生産が少なくなる。エチレンは茎の細胞分裂や成長を

抑制するはたらきがあるので，エチレンの生産が少なくなることによって，枝の先端の伸長成長が盛んになる。そこで棹をさらに継ぎ足して新しく伸びた部分がまだやわらかいうちに寝かせて水平に固定すると，さらにその先の伸長成長が盛んになる。棹で固定しない他の枝は風で揺れるので，エチレンの生産が盛んになり，伸長成長が抑制される。このような管理を続けていくうちに，1本の横枝だけが異常に長く伸びた門かぶりの松が形成される。近年は伸ばそうとする枝以外の枝を切りつめることが多いので，固定の効果がはっきりとわかる木は少ないが，塀の上に枝

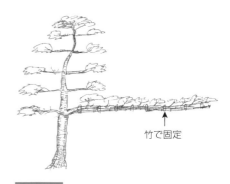

竹で固定

図 10.24　門かぶりの松

図 10.25　塀の上を這わせた見越しの松

を長く這わせた“見越しの松”（**図 10.25**）のなかには固定の効果がはっきりと見られるものがある。

11　ワイヤーブレースと鉄棒貫入

　二股の幹は分岐部分で入り皮状態になっていると裂けてしまう（**図 10.26**）可能性がある。そこで，割裂を避けるためにワイヤーブレースで双方を連結することがしばしば行われる。これによって強風や冠雪があっても叉の部分の引き裂きを避けることができるが，問題はワイヤーの結束部分が幹の肥大成長によって次第に幹に食い込む状態（**図 10.27**）となり，内樹皮の篩部を降下する光合成産物や木部のもっとも新しい年輪を上昇する水分の通導を阻害し，さら

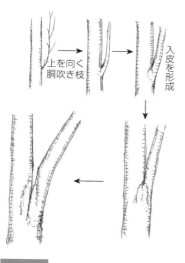

図 10.26　入り皮部分で裂けやすい叉

図 10.27　ワイヤーの幹への食い込み

に圧迫された部分の壊死によって腐朽菌や胴枯れ性病菌の侵入を許してしまうことである。ゆえに，ワイヤーによる結束は定期的に点検し，結束位置を変えるなどの作業をしなければならない。支柱をされた木でも結束した棕櫚縄（しゅろなわ）の食い込みがしばしば見られる。

　欧米ではワイヤーブレースのこのような問題から，幹に穴を開けて両端にねじ山を切った鉄棒を差し込み，座金とナットで固定し，それからワイヤーで連結する方法も行われている（**図 10.28**）。こ

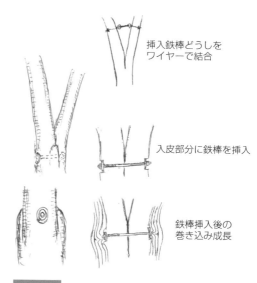

挿入鉄棒どうしをワイヤーで結合

入皮部分に鉄棒を挿入

鉄棒挿入後の巻き込み成長

図 10.28　鉄棒挿入による連結

の方法は樹皮と材に傷をつけるが，通導機能を損なうことが少ないので，欧米では樹皮を圧迫するワイヤーブレースよりもよい方法と考えられている。しかし，この方法も，穴を開ける部分の材が腐朽していたり，鉄棒と穴の大きさが合わなかったり，ナットで固定する部分のその後のカルス形成が不十分だったりすると，胴枯れ性病害や腐朽の拡大を招いてしまう恐れがあり，決してやさしい方法ではない。鉄棒貫入による幹割れ防止法は日本でも果樹園などでしばしば試みられたが，果樹の場合は結実を多くし，また果実への日当たりをよくして糖度を上げるために徒長枝の切除などを頻繁に行っており，その結果，樹勢が衰えている場合が多く，鉄棒挿入部分から腐朽や胴枯れ症状を呈していることが多い。鉄棒貫入法は材内部に腐朽がなく樹勢が旺盛なときに行うものであろう。

樹木の豆知識15

💡 樹皮での光合成

樹皮の皮層組織細胞には葉緑体があり光合成を行っている。この光合成は当年生の若い枝ではすべての樹種で行われているが，肥大成長によって一次皮層が破壊された後も周皮によって形成されるコルク皮層で光合成が継続される。コルク層を厚くしない樹種はすべて幹でも光合成を行っていると考えてよい。コルク層を厚くするナラ類やニセアカシアなどもコルクを厚くしていない若い枝では光合成を行っている。樹皮での光合成によって，冬期あるいは乾期の落葉期，休眠期にも光合成を行うことができ，発芽・発根のためのエネルギーを蓄えたり，厳しい環境によるストレスを乗り越えるエネルギーを生産したり，病害虫や傷害に対する防御物質を生産したりすることができる。

CHAPTER
11 タケとシュロ

01 タケの成長

　タケ類はイネ科に分類されているが，普通のイネ科草本と異なる点が多い。イネ科草本の多くは花穂以外を分枝することはないが，タケ類はよく分枝する。またタケ類は細胞壁が木質化して硬くなるのに対し，草はあまり硬くならない。しかし，アシやダンチクのように茎が木化して硬くなるものもあり，中南米には草本性のタケ類もあるので，形態的に明確な差があるわけではない。タケ類の茎の硬さはリグニンとともにケイ酸，すなわち二酸化ケイ素（SiO_2；ガラス質）が細胞壁に蓄積することで得られている。植物体内ではケイ酸は SiO_2・$(H_2O)n$，すなわち水分と結びついたかたちをとっている。

　タケの仲間は形態的に大きくタケ，ササ，バンブーの3つのグループに分けられている。地下茎を伸ばして拡大していくのがタケとササ（**図11.1**），長い地下茎を形成せず稈の根元から分蘖して増えるのがバンブー（**図11.2**）とされている。茎を包んでいる稈鞘

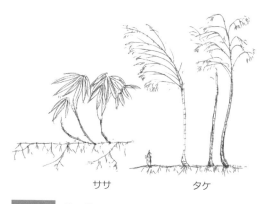

ササ　　　　タケ

図11.1　**地下茎で増殖するタケとササ**

（筍の皮）が稈の成長に応じて脱落するのがタケ，脱落しないのがササとされている。しかし，このような区分も明確ではなく，タイミンチクのように東南アジアに多いバンブーと同様に分蘖するが，系統分類学的には地下茎で増えるアズマネザサと同じ属に入るものもある。タケ，ササ，バンブーと形態で分けることにも分類学的な意味はない。

マダケやモウソウチクの稈は高さ15 〜 20 m にも達するが，その稈には節が 50 〜 60 個ほどある。これらの節は地下茎から筍が出芽する

図11.2　分蘖で増えるバンブー

段階で，筍の頂端にある成長点の細胞分裂によってつくられ，各節の太さも筍の段階で決まる。各節が揃った段階で，各節のすぐ上にある成長帯が盛んに細胞分裂を行い，さらに細胞自体が軸方向に成長することによって節と節の間隔が長くなっていく。

この節間が伸びきると，節に付着してその上方を覆っている皮，すなわち稈鞘が剥がれていく。タケの稈鞘は稈の下部から剥がれていく（**図11.3**）が，それは節間の成長が下部から終了していくからである。竹博士として有名であった故上田弘一郎博士が計測した事例では，タケ

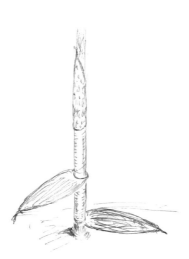

図11.3　稈の下部から剥がれ落ちる稈鞘

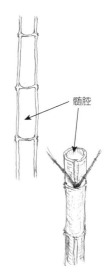

髄腔

図11.4　タケの髄腔

の稈の 24 時間の伸長記録は，モウソウチクで 119 cm，マダケで 121 cm であったという。ササ類の皮は節間の成長が終了しても剥がれないが，節間の成長が終わると枯れて黄土色あるいは灰褐色に変色する。ちなみに，稈のなかの空洞を髄腔（**図 11.4**）といい，稈の急激な伸長成長に対して髄が対応しきれずに空洞となった状態で，髄腔の内側に張りついている薄い紙状のものが破壊された髄であり，髄腔膜という。硬い竹材と紙状の髄腔膜との間にはややややわらかく組織的な方向性をもたない細胞層がある。

　近年，竹林が里山の森林地域に急速に侵入拡大して森林の樹木が枯れ，森林が竹林に置き換わってしまう現象が各地で問題になっているが，この場合はほとんどがモウソウチクである。モウソウチクは地下茎で領域を拡大しながら稈を増やしていくが，地下茎の成長に必要な糖などの光合成産物はすでに空中高く伸長している竹から送られてくる。その地下茎から筍が出芽して稈が伸び，稈から枝が伸びて葉が展開するまで，既存の竹からの地下茎経由の"仕送り"

樹木の豆知識16

💡 種子散布

樹木の種子散布方法には動物散布，風散布，重力散布，水流散布などがある。これらはひとつだけの方法ではなく，いくつか組み合わさって散布される場合がある。動物散布は多くの液果をつくる樹木に見られ，野鳥や大型哺乳動物に摂食後，排泄によって散布される。また動物の体に鉤針などで付着して散布される方法は草本に多く見られる。カシ類やナラ類のどんぐりもネズミやリスに運ばれ，食べ残された種子が発芽する。風散布も多くの樹木の種子に見られる。マツ類，カエデ類，シデ類，アキニレ，ユリノキのように翼をもつタイプ，ヤナギ類やヤマナラシ類のように綿毛の浮力で飛ばされるタイプなどがある。重力散布はクリやどんぐり類，トチノキ，クルミなどに見られるが，トチノキやクルミはカラスによっても運ばれるので，鳥散布でもある。水流散布の典型的な例はオニグルミで見られる。落下して渓流に流れ込むと浮いて水流で遠くに運ばれる。
ヒヨドリは野鳥のなかではもっとも植物質を摂食するが，特に甘い果実を好む。都会の公園・緑地で自然に発芽する樹木の種類を見ると，ほとんどが庭木の液果であり，カシ類やナラ類は親木の周囲にしか見られない。これは液果を散布しているのがヒヨドリであり，カシ類やナラ類が親木から遠い地点に見られないのは野生のリスやネズミがいないためと考えられる。

で成長する。江戸時代後期の禅僧 良寛和尚が床下で成長した竹の子の成長を止めないように床や天井に穴を開けたという故事があるように，タケ類は暗いなかでも稈を伸ばして領域を拡大することができる。このようなタケの成長からわかるように，竹林全体がひとつの個体なのである。

02 タケの移植と駆除

① タケの移植

　モウソウチク，マダケ，ハチクなどの大型のタケ類を移植する場合，光合成機能を十分にもつ成熟した稈を1，2本つけた地下茎を長さ1〜1.5 mほど掘り上げて植えつけるのが一般的だが，地下茎の節から伸びる不定根は貧弱なので，地下茎の長さが短いと，稈の葉から蒸散される水を賄（まかな）うほどの十分な水分を移植直後は吸収することができず，多くの場合衰退して枯れてしまう。稈をつけずに地下茎のみを移植した場合，筍をつくり，それを伸ばすだけのエネルギーが地下茎には蓄積されていないので，やはり枯れてしまう。ゆえに稈の上端を切除して葉をいくらか残した状態での移植が多く行われているが，十分に地下茎が発達して太い稈が形成されるようになるまでには数年かかる。そこで次のような方法で移植すると，活着率を著しく高め，また新たな稈の成長を早めることができる。

　まず，上部を切断せずに十分に葉をつけた稈に対し地際より少し上から作業可能な高さまでの各節間の上部に錐（きり）で小さな穴を開け，そこに注射器で水を髄腔内に十分に注入する（**図11.5**）。この水は髄腔膜から吸収されて導管を

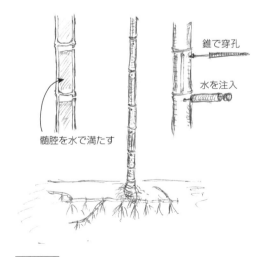

錐で穿孔

水を注入

髄腔を水で満たす

| 図11.5 | **節間の上部に錐で穴を開けて水を注入** |

通って稈の上部に運ばれて葉が萎れるのを防ぎ，光合成が正常に行われるのを助ける。光合成が正常に行われると地下茎に光合成産物が送られ，不定根と地下茎を発達させる。翌春，場合によってはその年の夏から秋にかけて，細いながらも筍が発生し，小指から親指くらいまでの細い稈が高さ1〜2mくらいまで伸びる。移植後，地下茎から発生する稈は年ごとに太くなり，丈も徐々に高くなり，数年後には立派な稈となるものが発生する。この節間の上部に錐で穴を開けて水を注入する方法は，七夕飾り用に切られた竹の葉を長期間青々とした状態に保たせる方法としても有効であると故上田弘一郎博士は述べている。

② タケの駆除

主に関東地方以西の里山で，モウソウチクが森林に侵入して森林を衰退させている現象が見られるが，それを食い止める方法として次のような方法が有効と考えられる。春に発芽して伸びはじめた筍は2か月ほどで高さ15〜20mに達して枝葉を展開し，盛んに光合成をするようになるが，それまでは地下茎を通じて送られる既存の稈の光合成産物を消費している。ゆえに稈が伸びきり，これから葉を展開して光合成を盛んにして光合成産物を溜め込もうとする直前，だいたい6月頃が地下茎に残されているエネルギーのもっとも少ない時期である。そのときに稈をすべて伐採すると，地下茎はごく細い稈を秋までに

細い再生竹

図11.6　稈の切断後の細い再生竹

出して回復を図ろうとする（**図11.6**）が，それをまた伐採すると，地下茎に蓄えられているエネルギーは底を尽き，枯れてしまう。春になって再びごく細い稈を発生させる場合もあるが，それをすべて伐採すると完全に枯れてしまう。

03 シュロ・ヤシの成長と茎の太さの変化

　シュロ・ヤシ類は茎頂に成長点がひとつあり，種子の発芽後，その成長点細胞が盛んに分裂して葉を展開するとともに肥大成長を行っていく。そしてある程度の太さになると，それ以上の肥大成長をせず，ほぼ同じ太さで上長成長を続け，分枝をせずに高さ 10 m ほどになる（**図11.7**）。長い葉柄をもつ葉は幹の頂端部から発生するが，葉柄は幹をとりまくように接着している。頂端分裂組織で葉が形成される際に，葉は長く細い繊維で包まれるが，この繊維は幹の成長にしたがって幹全体を包むようになる。この繊維を棕櫚皮という。葉は数年で枯死するが，なかなか脱落せず，長期間，枯れた状態で幹から垂れ下がっている。庭園などではこの枯葉と棕櫚皮を除去する管理が行われているので，

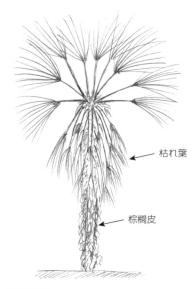

枯れ葉

棕櫚皮

| 図 11.7 | シュロの形 |

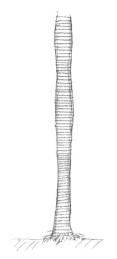

| 図 11.8 | シュロの幹肌に残された葉痕と微妙な太さの変化 |

幹肌が直接見えるようになる。幹肌の表面には横方向に筋が残されているが，これは葉痕である。また，幹をよく見ると微妙に太さに違い（**図 11.8**）のあることがわかる。おそらくこれは茎頂で細胞分裂を行っているときに乾燥や低温あるいは葉の除去などにより成長が抑制されたときは細胞が小ぶりとなって細くなり，生育条件が良好なときは太くなるのであろう。シュロの幹の太さの差は過去の成長の記録と考えてよい。

樹木の豆知識17

💡 自然に見られる力学的安定性

ドイツの Mattheck 博士とその共同研究者たちはカールスルーエ技術研究所（Karlsruhe Institute of Technology：KIT）において，自然界に見られる形の力学的な意味を研究し，力学的に丈夫で安定した枝の叉や風に耐える樹木の根元，崖錐地形，風化によって削られた岩塊などの形状が，図に示すような簡単な作図法で表現できることを発見した。3つの二等辺三角形を描いた後にこれらの外郭線をフリーハンドで滑らかに修正すればよい。この形状は切欠き応力に対してきわめて高い抵抗性をもつことがコンピュータを使った有限要素法（FEM：finite element method）解析と実験によって判明している。

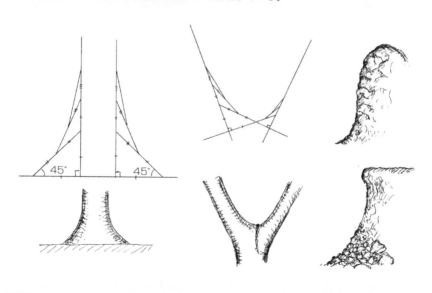

04 傾斜したシュロ・ヤシの体の起こし方

　ヤシ類も幹が傾斜することがある。原因の多くは強風であるが，移植したばかりのヤシ類はしばしば傾く。樹木は幹の傾斜に対してあて材を形成して態勢の立て直しをはかるが，年輪成長をしないヤシ類は幹が傾斜すると，その後に伸長成長する部分が上方を向いて，湾曲した幹を形成する（前掲**図 6.20**）。

樹 木 の 豆 知 識 18

 ## リグニンの難分解性

　ベンゼンのような芳香環に水酸基（－OH：ヒドロキシ基ともいう）が結合した有機化合物をフェノール性物質というが，最も簡単なフェノールはベンゼン環の6個ある水素原子のひとつが水酸基に置換されたヒドロキシベンゼンであり，殺菌効果をもつ。ポリフェノールは2個以上のフェノール性ヒドロキシ基を分子内にもつ，植物がつくり出す抗菌物質の総称である。非常に多様で複雑な物質であるが，代表的なポリフェノールとしてタンニンやフラボノイドがある。リグニンは木材の細胞壁を構成する主要な3つの物質（セルロース，ヘミセルロース，リグニン）のひとつで，細胞壁構成成分の25〜30％を占める。究極のポリフェノールといってもよい物質で，ポリフェノールが不規則に重合した水に不溶の巨大分子の総称である。リグニンを分解することのできる生物は実質的に担子菌類のキノコの仲間に限定され，ほとんどの微生物はリグニンを分解することができない。筆者はその理由として，リグニンを分解すれば微生物に対して強い毒性をもつポリフェノールとなるため，手が出せないのではないかと考えている。

参考図書

筆者の手元にあって，本書の内容を一層理解するのに役立つと思われる主な市販書籍を紹介する。

- Allem, M. F., 菌類の生態学（中坪孝之・堀越孝雄訳），共立出版（1995）
- 秋田県立大学木材高度加工研究所編，コンサイス木材百科 改訂版，秋田県木材加工推進機構（2002）
- 第 12 回「大学と科学」公開シンポジウム組織委員会編，植物の生長－遺伝子から何が見えるか，クバプロ（1998）
- Daubenmire, R. F., Plants and Environment 3rd ed., John Wiley & Sons（1974）
- de Kroon, H. and Visser, E. J. 編，根の生態学（森田茂紀・田島亮介監訳），シュプリンガー・ジャパン（2008）
- 道家紀志，植物のミクロな闘い，海鳴社（1984）
- 藤井義晴，自然と科学技術シリーズ アレロパシー多感物質の作用と利用，農山漁村文化協会（2000）
- 深澤和三，樹体の解剖－しくみから働きを探る，海青社（1997）
- 福岡義隆編著，植物気候学，古今書院（2010）
- 福島和彦ほか編，木質の形成－バイオマス科学への招待，海青社（2003）
- 古野毅・澤辺攻編，木材科学講座 2 組織と材質，海青社（1994）
- 伏谷賢美ら，木材の科学・2 木材の物理，文永堂出版（1985）
- Gifford, E. M. and Foster, A. S., 維管束植物の形態と進化 原書第 3 版（長谷部光泰・鈴木武・植田邦彦監訳），文一総合出版（2002）
- ゴルファーの緑化促進協力会編，緑化樹木の樹勢回復，博友社（1995）
- ゴルファーの緑化促進協力会編，緑化樹木腐朽病害ハンドブック，日本緑化センター（2007）
- 濱谷稔夫，樹木学，地球社（2008）
- 原襄，植物のかたち－茎・葉・根・花，培風館（1981）
- 原襄・福田泰二・西野栄正，植物観察入門，培風館（1986）
- 原襄，植物形態学，朝倉書店（1994）
- 原田浩ほか，木材の構造，文永堂出版（1985）
- Harris, R. W., Clark, J. R. and Matheny, N. P., Arboriculture － Integrated Management of Landscape Trees, Shrubs and Vines 3rd ed., Prentice Hall（1999）
- Hartman, J. R., Pirone, T. P. and Sall, M. A., Pirone's Tree Maintenance 7th ed., Oxford University Press（2000）
- 服部勉・宮下清貴，土の微生物学，養賢堂（2000）
- 平澤栄次，植物の栄養 30 講，朝倉書店（2007）
- 堀大才，樹木医完全マニュアル，牧野出版（1999）
- 堀大才・岩谷美苗，図解樹木の診断と手当て，農山漁村文化協会（2002）
- 堀大才，樹木診断様式（日本緑化センター編），日本緑化センター（2009）
- 堀大才，絵でわかる樹木の知識，講談社（2012）
- 堀大才編著，樹木診断調査法，講談社（2014）
- 堀大才，絵でわかる樹木の育て方，講談社（2015）
- 堀大才編著，樹木学事典，講談社（2018）
- 堀大才，樹木土壌学の基礎知識，講談社（2021）
- 堀江博道編，樹木医ことはじめ－木の文化・健康と保護・そして樹木医の多様な活動－，農林産業研究所（2016）
- 堀越孝雄・二井一禎編著，土壌微生物生態学，朝倉書店（2003）
- 堀田満編，植物の生活誌，平凡社（1980）
- 石塚和雄編，植物生態学講座 1 群落の分布と環境，朝倉書店（1977）
- 磯貝明編，セルロースの科学，朝倉書店（2003）

- James, N. D. G., The Arboriculturalist's Companion － A Guide to the Care of Trees 2nd ed., Blackwell Publishers （1990）
- 樹木生態研究会編, 樹からの報告－技術報告集, 樹木生態研究会 （2011）
- 加藤雅啓, 植物の進化形態学, 東京大学出版会 （1999）
- 貴島恒夫・岡本省吾・林昭三, 原色木材大図鑑 改訂版, 保育社 （1977）
- 菊池多賀夫, 地形植生誌, 東京大学出版会 （2001）
- 菊沢喜八郎, 葉の寿命の生態学－個葉から生態系へ－, 共立出版 （2005）
- 小池孝良編, 樹木生理生態学, 朝倉書店 （2004）
- 京都大学木質科学研究所創立 50 周年記念事業会編著, 木のひみつ, 東京書籍 （1994）
- Mackenzie, A., Ball, A. S. and Virdee, S. R., キーノートシリーズ 生態学キーノート （岩城英夫訳）, シュプリンガー・フェアラーク東京 （2001）
- Mattheck, C. and Kubler, H., 材－樹木のかたちの謎（堀大才・松岡利香訳）, 青空計画研究所 （1999）
- Mattheck, C., 樹木のボディーランゲージ入門（堀大才・三戸久美子訳）, 街路樹診断協会 （2004）
- Mattheck, C., 樹木の力学（堀大才・三戸久美子訳）, 青空計画研究所 （2004）
- Mattheck, C., 樹木のボディーランゲージ＝力学偏＝物が壊れるしくみ－樹木からビスケットまで（堀大才・三戸久美子訳）, 街路樹診断協会 （2006）
- Mattheck, C., 最新 樹木の危険度診断入門 日本語改訂版第 2 版（堀大才・三戸久美子訳）, 街路樹診断協会 （2020）
- Mattheck, C., Trees － The Mechanical Design, Springer-Verlag Berlin Heidelberg （1991）
- Mattheck, C. and Breloer, H., The Body Language of Trees, Department of the Environment, Transport and the Regions from the Controller of HMSO （1994）
- Mattheck, C., Design in Nature － Learning from Trees, Springer-Verlag Berlin Heidelberg （1998）
- Mattheck, C., Secret Design Rules of Nature － optimum shapes without computers, Forschugszentrum Karlsruhe （2007）
- Mattheck, C., Thinking Tools after Nature, Karlsruhe Institute of Technology （2011）
- Mattheck, C. Bethge, K. and Weber, K., 図解 樹木の力学百科（堀大才監訳, 三戸久美子訳）, 講談社 （2019）
- 樹木医学会編, 樹木医学の基礎知識, 海成社 （2014）
- 水野一晴, 植生環境学－植物の生育環境の謎を解く, 古今書院 （2001）
- 中村太士・小池孝良編著, 森林の科学－森林生態系科学入門, 朝倉書店 （2005）
- 成澤潔水, 木材－生きている資源, パワー社 （1982）
- 日本木材加工技術協会関西支部編, 木材の基礎科学, 海青社 （1992）
- 日本緑化センター編, 成木の移植と樹勢回復, 日本緑化センター （1979）
- 日本緑化センター編, 元気な森の作り方－材質に影響を与える林木の被害とその対策, 日本緑化センター （2004）
- 日本緑化センター編, 最新 樹木医の手引き 改訂 3 版, 日本緑化センター （2006）
- 日本緑化センター編, 最新 樹木医の手引き 改訂 4 版, 日本緑化センター （2014）
- 日本林学会「森林科学」編集委員会編, 森をはかる, 古今書院 （2003）
- 日本林業技術協会編, 森林の 100 不思議, 東京書籍 （1988）
- 日本林業技術協会編, 森の木の 100 不思議, 東京書籍 （1996）
- 日本林業技術協会編, きのこの 100 不思議, 東京書籍 （1997）
- 日本林業技術協会編, 森林の環境 100 不思議, 東京書籍 （1999）
- 小川真, 菌を通して森をみる－森林の微生物生態学入門－, 創文 （1980）
- 岡穆宏・岡田清孝・篠崎一雄編, 植物の環境応答と形態形成のクロストーク, シュプリンガー・フェアラーク東京 （2004）

- 岡田清孝・町田泰則・松岡信監修，細胞工学別冊 植物細胞工学シリーズ 12 新版植物の形を決める分子機構－形態形成を支配する遺伝子のはたらきに迫る，秀潤社（2000）
- 岡田博・植田邦彦・角野康郎編著，植物の自然誌－多様性の進化学，北海道大学図書出版会（1994）
- 小野寺弘道，雪と森林，林業科学技術振興所（1990）
- 大木理，植物と病気，東京化学同人（1994）
- Rauh, W., 植物形態の事典（中村信一・戸部博訳），朝倉書店（1999）
- 佐橋憲生，菌類の森，東海大学出版会（2004）
- 佐道健，木のメカニズム，養賢堂（1995）
- 酒井昭，植物の耐凍性と寒冷適応－冬の生理・生態学，学会出版センター（1982）
- 酒井昭，植物の分布と環境適応－熱帯から極地・砂漠へ，朝倉書店（1995）
- 酒井聡樹，生態学ライブラリー 19 植物の形－その適応的意義を探る，京都大学出版会（2002）
- Shigo, A. L., A New Tree Biology － facts, photos, and philosophies on trees and their problems and proper care 2nd ed., Shigo and Trees Associates（1989）
- Shigo, A. L., A New Tree Biology Dictionary, Sigo and Trees Associates（1986）
- Shigo, A. L., Modern Arboriculture, Sigo and Trees Associates（1991）
- Shigo, A. L., Tree Anatomy, Shigo and Trees Associates（1994）
- Shigo, A. L., 現代の樹木医学 要約版（堀大才監訳，日本樹木医会訳），日本樹木医会（1996）
- Shigo, A. L., 樹木に関する 100 の誤解 改訂（堀大才・三戸久美子訳），日本緑化センター（2000）
- 柴岡弘郎，植物は形を変える－生存の戦略のミクロを探る，共立出版（2003）
- 島地謙，木材解剖図説，地球出版（1964）
- 島本功・篠崎一雄・白須賢・篠崎和子編，蛋白質核酸酵素臨時増刊号 植物における環境ストレスに対する応答，共立出版（2007）
- 清水明子，絵でわかる植物の世界（大場秀章監修），講談社（2004）
- 清水建美，図説植物用語事典，八坂書房（2001）
- Sinclair, W. A., Lyon, H. H. and Johnson, W. T., Diseases of Trees and Shrubs, Department of Plant Pathology, Cornell University（1987）
- 森林水文学編集委員会編，森林水文学，森北出版（2007）
- Strouts, R. G. and Winter, T. G., Diagnosis of ill-health in trees 2nd ed., Department of the Environment, Transport and the Regions from the Controller of HMSO（2000）
- 鈴木和夫編，森林保護学，朝倉書店（2004）
- 田中修，中公新書 ふしぎの植物学－身近な緑の知恵と仕事，中央公論新社（2003）
- Thomas, P., 樹木学（熊崎実・浅川澄彦・須藤彰司訳），築地書館（2001）
- 土橋豊，ビジュアル園芸・植物用語事典 第 2 版，家の光協会（2000）
- Walter, L., 植物生態生理学 第 2 版（佐伯敏郎・舘野正樹訳），シュプリンガー・フェアラーク東京（2004）
- 鷲谷いづみ，新版 絵でわかる生態系のしくみ，講談社（2018）
- 渡邊昭・篠崎一雄・寺島一郎監修：細胞工学別冊 植物細胞工学シリーズ 11 植物の環境応答－生存戦略とその分子機構，秀潤社（1999）
- Weber, K. and Mattheck, C., Manual of Wood Decays in Trees, Forschungszentrum Karlsruhe（2001）
- 山中二男，日本の森林植生，築地書館（1974）
- 矢野悟道編，日本の植生－侵略と撹乱の生態学，東海大学出版会（1988）
- Zimmermann, M. H., Xylem Structure and the Ascent of Sap, Springer-Verlag Berlin Heidelberg（1983）

著者紹介

堀　大才
ほり　たいさい

1970年　日本大学農獣医学部林学科卒業
現　在　NPO法人 樹木生態研究会 最高顧問

NDC 653　　271 p　　21cm

絵でわかるシリーズ

新版 絵でわかる樹木の知識
しんぱん え じゅもく ちしき

2023年8月25日　第1刷発行

著　者　堀　大才
　　　　ほり　たいさい

発行者　髙橋明男

発行所　株式会社 講談社
　　　　〒112-8001　東京都文京区音羽2-12-21
　　　　　　　販　売　(03)5395-4415
　　　　　　　業　務　(03)5395-3615

KODANSHA

編　集　株式会社 講談社サイエンティフィク
　　　　代表　堀越俊一
　　　　〒162-0825　東京都新宿区神楽坂2-14　ノービィビル
　　　　　　　編　集　(03)3235-3701

本文データ制作
カバー印刷　株式会社双文社印刷
表紙・本文印刷
製　本　株式会社ＫＰＳプロダクツ